中国工程造价咨询行业发展报告
（2017版）

主编◎中国建设工程造价管理协会
参编◎武汉理工大学　天津广正建设项目咨询股份有限公司

U0330788

中国建筑工业出版社

图书在版编目（CIP）数据

中国工程造价咨询行业发展报告（2017版）/ 中国建设工程造价管理协会主编. —北京：中国建筑工业出版社，2018.1
ISBN 978-7-112-21640-6

Ⅰ.①中… Ⅱ.①中… Ⅲ.①工程造价—咨询业—研究报告—中国—2017 Ⅳ.①TU723.3

中国版本图书馆CIP数据核字（2017）第304142号

　　本报告基于2016年中国工程造价咨询行业发展总体情况，从行业发展现状，影响行业发展的主要环境因素，行业标准体系建设，行业结构分析，行业收入统计分析，行业存在的主要问题、对策及展望，国际工程项目管理模式研究及应用专题报告等7个方面进行了全面梳理和分析。此外，报告还列出了2016年大事记、2016年重要政策法规清单、造价咨询行业与注册会计师行业简要对比和典型行业优秀企业简介。

责任编辑：赵晓菲　朱晓瑜
书籍设计：京点制版
责任校对：焦　乐

中国工程造价咨询行业发展报告
（2017版）

主编　中国建设工程造价管理协会
参编　武汉理工大学　天津广正建设项目咨询股份有限公司

＊

中国建筑工业出版社出版、发行（北京海淀三里河路9号）
各地新华书店、建筑书店经销
北京京点图文设计有限公司制版
北京京华铭诚工贸有限公司印刷

＊

开本：787×1092毫米　1/16　印张：12　字数：195千字
2018年1月第一版　2018年1月第一次印刷
定价：88.00元
ISBN 978-7-112-21640-6
（31290）

编写委员会

主编:

张兴旺　中国建设工程造价管理协会　理事长助理

方　俊　武汉理工大学　教授

编写人员:

杜艳华　郑州航空工业管理学院　讲师

赵　磊　新乡学院　教授

谢莎莎　湖北第二师范学院　讲师

田家乐　江西师范大学　高级工程师

杨海欧　中国建设工程造价管理协会　高级工程师

李　萍　中国建设工程造价管理协会　工程师

李　敏　四川省造价工程师协会　副秘书长

王向辉　江苏省东台市堤闸管理处　副主任

吴雨冰　北京大成律师事务所　合伙人

刘　弘　天津广正建设项目咨询股份有限公司　董事长

孙　璟　湖北鄂州梁子湖生态文明建设有限公司　工程师

舒昌俊　咸宁城市发展集团有限公司　副总经理

王丽娥　湖北华中帷幄咨询有限公司　总经理

付建华　武汉市工程建设标准定额管理站　高级工程师

主审:

卫　明　住房和城乡建设部　副司长

徐惠琴　中国建设工程造价管理协会　理事长

审查人员：

赵毅明　住房城乡建设部标准定额司　处长

郭婧娟　北京交通大学经济管理学院　副教授

沈　峰　国际成本工程师协会　中国区主席

朱宝瑞　中国建设工程造价管理协会　副主任

黄　维　中国建设工程造价管理协会　高级工程师

李秀平　中信工程项目管理（北京）有限公司　总经理

何丽梅　吉林诚信工程建设咨询有限公司　总经理

孙建波　北京佳益工程咨询有限公司　总经理

李协林　北京中立鸿建设工程咨询有限公司　董事长

赵　伟　中大信（北京）工程造价咨询有限公司　总经理

高秀忠　北京筑标建设工程咨询有限公司　董事长

邵铭法　万邦工程管理咨询有限公司　董事长

张　博　吉林兴业建设工程咨询有限公司　总经理

黄　旭　四川良友建设咨询有限公司　董事长

杨　平　中审世纪工程造价咨询（北京）有限公司　董事长

  党的十九大总结了 5 年来党和国家事业取得的历史性成就和发生的历史性变革，提出了新时代坚持和发展中国特色社会主义的基本方略，对新时代推进中国特色社会主义伟大事业和党的建设新的伟大工程作出了全面部署，是我们做好工程造价行业管理工作的根本遵循。作为建筑市场经济活动的根基，工程造价行业全面贯彻习近平总书记系列重要讲话精神，准确把握国内外发展环境，积极适应把握引领经济发展新常态，围绕中央城市工作会议和国务院促进建筑业健康发展的各项决策部署，坚决贯彻创新、协调、绿色、开放、共享的发展理念以及"适用、经济、绿色、美观"的建筑方针，推进工程造价行业健康发展。

  "十三五"时期，我国新型城镇化、"一带一路"建设为固定资产投资、建筑业发展释放新的动力、激发新的活力，建筑业体制机制改革和转型升级的需求不断增强。中央城市工作会议明确提出实施重大公共设施和基础设施工程，加强城市轨道交通、海绵城市、城市地下综合管廊建设，加快棚户区和危房改造，有序推进老旧住宅小区综合整治以及工程维修养护。工程造价咨询业新的创新点、增长极、增长带不断形成。《工程造价事业发展"十三五"规划》的发布，提出了工程造价事业发展的指导思想、主要目标、发展理念和重点任务，围绕制定规则、发布指标、动态监测、调解纠纷等内容，完善公共服务和诚信体系建设，实现各类工程计价的公正、公平、科学合理，达到提高投资效益、维护市场秩序、保障工程质量安全的目的。为配合司法体制改革引入第三方调解机制，我们开展了《工程造价纠纷调解机制》以及《工程造价纠纷调解及审价机制》课题研究，拟充分发挥行业协会在纠纷调解中的基础性、专业性优势，高效快捷地解决建设工程领域工程造价纠纷，维护建设建筑市场各方合法权益。为营造良好健康的工程造价市场环境，我们提出建立以信用为核心的新型市场监管机制，加强信用档案建设，加快政府部门之间的信用信息共建共享，强化行业自律和社会监督作用，建立守信激励和失信惩戒机制，重点监管失信企业和人员。同时，优化工程造价咨询资质管理，减少审批事项，开展工程造价成果检测、建立工程造价监测指数指标工作，加强事中事后监管等。

近年来，全国工程造价的专业技术人员数量逐年攀升，工程造价咨询、监理、招标代理等各类企业从业人员近150万人，服务工程投资近30万亿，基本覆盖工程项目投资、建设、运营全过程。工程造价事业的稳步发展，离不开庞大的专业队伍的支持。2017年，人社部发布了《关于公布国家职业资格目录的通知》（人社部发〔2017〕68号），正式将造价工程师职业资格列入了国家职业资格目录。住房城乡建设部全面启动《造价工程师执业资格制度暂行规定》（人发〔1996〕77号文）的修订，并制订造价工程师考试管理办法，进一步完善配套制度，调整和优化等级设置、报考条件、专业划分。今后我们将完善人才培养机制，加强继续教育和专业培训，落实人才发展战略，促进工程造价管理机构专业人才后备力量的储备，打造一支具备服务水平高、创新能力强的专业人才队伍，充分发挥其在工程造价管理改革中的引领作用。

随着中国企业对沿线国家投资的不断增长，我国工程造价咨询"走出去"也迎来了新机遇，如何突破信息不对称、计价体系不一致等阻碍，牢牢把握这个重要战略机遇，引导工程造价咨询企业走出去，成为了行业的重大问题。住房城乡建设部标准定额司和中国建设工程造价管理协会历时两年组织开展了"工程造价咨询企业国际化战略研究""国际工程项目管理模式研究"和"我国工程造价咨询走出去对策研究"等课题研究，提出国际化发展战略实施的政策和建议。合理引导工程造价咨询企业转变经营模式，提高国际工程咨询的能力和水平，积极服务于国家"一带一路"战略实施，实现市场份额国际化。同时，鼓励行业协会积极参与国际的交流和国际标准的制定工作，为会员提供学习和交流的平台，推动造价工程师资格国际互认，为工程造价管理和造价咨询进入国际舞台奠定基础。

我们连续四年编写行业发展报告，旨在提供一个平台和渠道，让行业内外的从业人员及时了解行业发展的现状，希望能够一直持续研究下去。未来工程造价事业将认真贯彻落实党中央、国务院的工作部署，按照十九大、中央城镇化工作会议、中央城市工作会议精神，谋划发展，在优化市场环境、统一计价规则、推进信息化建设等方面继续努力，共创美好的未来。

住房城乡建设部标准定额司
中国建设工程造价管理协会

CONTENTS 目录

行业发展现状

2016 年是我国"十三五"规划的开局之年，国内经济发展以进入新常态为显著特征。工程造价咨询业积极按照国家对行业发展的新要求，树立创新、协调和绿色的发展理念，主动适应经济发展新常态，不断深化行业改革，在信用体系建设、标准体系建设、信息化建设和人才队伍建设等方面取得了令人瞩目的成绩。

第一节　基本情况①

一、企业总体情况

2016 年全行业共有 7505 家工程造价咨询企业，其中：甲级资质企业 3381 家，占比 45.05%；乙级资质企业 4124 家，占比 54.95%。分布情况：各地区共计 7265 家，各行业共计 240 家。同时，7505 家工程造价咨询企业中有 2002 家专营企业，占比 26.68%；兼营工程造价咨询业务且具有其他资质的企业 5503 家，占比 73.32%。

二、从业人员总体情况

2016 年末，工程造价咨询企业拥有从业人员 462216 人。其中：正式聘用人员 426730 人，占比 92.32%；临时聘用人员 35486 人，占比 7.68%。

---

① 本节数据来源于 2016 年工程造价咨询统计公报。

2016年末，工程造价咨询企业共有注册造价工程师81088人，占全部工程造价咨询企业从业人员总数的17.54%；造价员110813人，占全部工程造价咨询企业从业人员总数的23.97%。

2016年末，工程造价咨询企业共有专业技术人员314749人，占全部工程造价咨询企业从业人员总数的68.1%。其中，高级职称人员67869人，中级职称人员161365人，初级职称人员85515人，各类职称人员占专业技术人员比例分别为21.56%、51.27%、27.17%。

三、营业收入总体情况

2016年工程造价咨询企业营业收入为1203.76亿元。其中：工程造价咨询业务收入595.72亿元；招标代理业务收入130.33亿元；建设工程监理业务收入247.95亿元；项目管理业务收入134.17亿元；工程咨询业务收入95.59亿元。

上述工程造价咨询业务收入中：

按所涉及专业划分，房屋建筑工程专业收入348.91亿元，占全部工程造价咨询业务收入比例为58.57%；市政工程专业收入93.67亿元，占15.72%；公路工程专业收入27.73亿元，占4.65%；火电工程专业收入15.16亿元，占2.55%；水利工程专业收入12.93亿元，占2.17%；其他各专业收入合计97.32亿元，占16.34%。

按工程建设的阶段划分，前期决策阶段咨询业务收入56.42亿元、实施阶段咨询业务收入138.18亿元、竣工决算阶段咨询业务收入235.74亿元、全过程工程造价咨询业务收入142.73亿元、工程造价经济纠纷的鉴定和仲裁的咨询业务收入10.63亿元，各类业务收入占工程造价咨询业务收入比例分别为9.47%、23.2%、39.57%、23.96%和1.78%。此外，其他工程造价咨询业务收入12.02亿元，占2.02%。

2016年工程造价咨询企业完成的工程造价咨询项目所涉及的工程造价总额约33.52万亿元。

2016年排名前百位工程造价咨询企业业务收入合计104.96亿元，同比增长4.02%。收入排名第1位的企业收入3.20亿元，收入排名第100位的企业收入由

2015 年的 5719.2 万元增至 5865.76 万元。

四、企业盈利总体情况

据统计，2016 年全行业工程造价咨询企业实现利润总额 182.29 亿元，上缴所得税合计 39.12 亿元。

我国工程造价咨询企业 2015 年实现利润总额 103.61 亿元，2014 年实现利润总额 103.88 亿元，2013 年实现利润总额 82.81 亿元。从全行业企业利润总额变化趋势来看，2016 年比 2015 年增长了 75.94%，2015 年比 2014 年下降了 0.26%，2014 年比 2013 年增长了 25.44%。

第二节　行业相关政策法规及主要成果

一、相关政策法规、专业标准规范的制定与修订

住房城乡建设部组织编制了《城市综合管廊国家建筑标准设计体系》、《海绵城市建设国家建筑标准设计体系》以及《装配式建筑工程消耗量定额》，规定《装配式建筑工程消耗量定额》与《房屋建筑和装饰工程消耗量定额》（TY01—31—2015）配套使用；征求了《城市地下综合管廊工程消耗量定额》修改意见；启动了《工程造价咨询企业管理办法》（建设部令 149 号）和《注册造价工程师管理办法》（建设部令第 150 号）的修订工作；颁布了《建筑安装工程工期定额》（TY01—89—2016）。

住房城乡建设部标准定额司编写了《定额编制规则》、《绿色建筑工程消耗量定额》和《工业化建设工程消耗量定额》、《建设工程定额体系框架》、《建设工程定额命名和编码规则》以及《建设工程工程量清单规范体系》，并分别对其征求了意见。此外，住房城乡建设部标准定额司还组织修订了《国家机关办公建筑和大型公共建筑能源审计导则》；印发了《工程造价行业"十三五"规划（征求意见稿）》；制订了《工程造价费用构成通则》，以推进工程量清单计价与国际接轨，完善工程量清单项目划分规则等。

住房城乡建设部标准定额司组织上海市政工程设计研究总院等单位完成了《城市地下综合管廊工程消耗量定额》编制工作。

中国建设工程造价管理协会（以下简称"中价协"）对《建设工程造价文件数据标准》征求了意见，编制了《中国工程造价咨询行业发展报告（2016版）》。

北京市住房和城乡建设委员会发布了《工程造价咨询企业专项执法检查工作方案》、《关于建筑业营业税改征增值税调整北京市建设工程计价依据的实施意见》（以下简称《实施意见》）；北京市工程造价管理处颁布了2016年《北京市建设工程计价依据——概算定额》，并依据《实施意见》对《北京市建设工程计价依据——预算定额》、《北京市房屋修缮工程计价依据——预算定额》中有关市政工程、城市轨道交通工程、古建筑工程计价程序和费率等进行了动态调整；北京市城市管理委等部门在工程造价中新增建筑垃圾运输处置费，并单独列项计价。

天津市住房和城乡建设委员会编制并发布了2016《天津市建设工程计价办法》和建筑工程、装饰装修工程、安装工程、市政工程、仿古建筑及园林工程、房屋修缮工程、人防工程、给水及燃气管道工程、地铁及隧道工程等预算计价以及相应的各专业工程量清单计价指引，并联合市国土房管局、市财政局、市发展改革委等拟定了《天津市建筑垃圾资源化利用管理办法》，将建筑垃圾运输费用计入工程成本，且明确了建筑垃圾计量方式。

上海市住房和城乡建设管理委员会制定并发布了《上海市建设工程定额管理实施细则》、《上海市工程造价管理"十三五"规划》，会同行业相关行政主管部门组织修订了《上海市水利工程预算定额》（SHR—31—2016）、《上海市城镇给排水工程预算定额 第一册 城镇给水管道工程》（SHA8—31（01）—2016）、《上海市城镇给排水工程预算定额 第二册 城镇排水管道工程》（SHA8—31（02）—2016）、《上海市城镇给排水工程预算定额 第三册 城镇给排水构筑物及设备安装工程》（SHA8—31（03）—2016）及《上海市燃气管道工程预算定额》（SHA6—31—2016）。

重庆市城乡建设委员会依据《住房城乡建设部关于印发推动建筑市场统一开放若干规定的通知》（建市[2015]140号），制定了《重庆市市外工程造价咨询企业入渝信息报送管理办法》，以加强对外来工程造价咨询企业的管理；出台了《重庆市建设工程造价管理规定》（重庆市人民政府令第307号），对2006概算定额、

2008 计价定额、2011 轨道定额中的人工单价进行了调整。

河北省住房和城乡建设厅颁布了《河北省建设工程工程量清单招标评标规则》、《建筑业营改增河北省建筑工程计价依据调整办法》，组织编制了《河北省装配式混凝土结构工程定额（试行）》、《河北省装配式混凝土结构工程工程量清单（试行)》，并完善了建筑企业规费计取工作。

吉林省住房和城乡建设厅颁布了《吉林省房屋修缮及抗震加固工程计价定额》(JLJD—XS—2016) 和《吉林省房屋修缮及抗震加固工程费用定额》(JLJD—FY—2016)，调整了《吉林省房屋修缮及抗震加固工程计价定额》(JLJD—XS—2016) 和 2014 版的《吉林省建筑计价定额》、《吉林省安装工程计价定额》、《吉林省市政工程计价定额》、《吉林省市政工程补充计价定额》、《吉林省装饰工程计价定额》、《吉林省园林及仿古建筑工程计价定额》以及 2011 版的《吉林省城市轨道交通工程计价定额》中的定额人工综合工日单价和定额机械费，发布了《城市综合管廊工程计价的补充规定（试行)》；制定了《建筑业营业税改征增值税调整吉林省建设工程计价依据实施办法》以及与吉林省现行计价定额相配套的《建筑业营改增吉林省建设工程费用定额》。

山东省住房和城乡建设厅组织修订了《山东省建设工程招标投标管理信息系统接口（电子签名认证及工程造价部分）标准》，颁发了《山东省建筑业"十三五"规划纲要》，明确提出要改革完善工程造价管理，建立多层级工程量清单，满足不同设计深度的要求。山东省标准定额站编制完成了 2016 版的《山东省建筑工程消耗量定额》、《山东省安装工程消耗量定额》、《山东省市政工程消耗量定额》。

江苏省住房和城乡建设厅编制颁布了《江苏省绿色建筑工程计价定额》(试行)，组织各市测算了建设工程人工工资指导价，对建设工程人工工资单价实行动态管理，并从 2016 年 9 月 1 日起执行。

浙江省住房和城乡建设厅主持起草的《浙江省绿色建筑条例》(以下简称《条例》)于 2016 年 5 月 1 日开始实施。《条例》规定，要建立全装修成品住宅推广机制，到 2020 年年底，基本实现省内新建多层和高层住宅的全装修，建立分类递进与分区递进相结合的绿色建筑实施机制。这是国内首次以地方立法的形式推广绿色建筑。

安徽省建设工程造价管理总站根据安徽省住房和城乡建设厅《关于建筑业营业税改征增值税调整我省现行计价依据的通知》，调整了2015版《安徽省工业化建筑计价定额》、《全国统一房屋修缮工程预算定额安徽省综合价格（土建、安装分册）》、2005版"安徽省建设工程消耗量定额"综合单价、2005版《安徽省建设工程清单计价费用定额》、2005版《安徽省建设工程清单计价施工机械台班费用定额》、2008版《安徽省建设节能定额综合单价表》、2009版"安徽省建筑、装饰装修工程及安装工程（常用册）"、2010版《安徽省城市轨道交通工程计价定额综合单价》、2011版《安徽省建设工程概算定额》（建筑、安装工程）、2011版《安徽省建设工程概算费用定额》以及2012版《安徽省抗震加固工程计价定额》，为了健全造价纠纷调整处理机制，制定了《安徽省建设工程计价依据解释与造价纠纷调解规定》。

福建省建设工程造价管理总站组织编制了《福建省古建筑保护修复工程预算定额》(2016版)、《福建省建筑安装工程费用定额》（2016版）以及《摊铺机摊铺水泥稳定粒料》等7项补充定额。

湖北省住房和城乡建设厅修订了《湖北省建设工程施工招标投标规范程序》、《湖北省工程建设项目招标代理机构管理办法》以及《湖北省房屋建筑和市政基础设施工程施工招标标底管理实施办法》（鄂建〔2003〕122号），发布了《湖北省建筑业营改增建设工程计价依据调整过渡方案》。

湖南省建设工程造价管理总站编制完成了《湖南省建设工程合同备案管理实施细则》，并从2016年7月1日起执行。

广东省住房和城乡建设厅发布了《关于营业税改征增值税后调整广东省工程计价依据》；广东省建设工程造价管理总站等有关单位编制完成了《广东省装配式建筑工程综合定额》（征求意见稿）；广东省建设工程造价协会编制了《广东省工程造价咨询企业乙级及以下资信评级实施方案（试行）》。

广西壮族自治区住房和城乡建设厅为完善定额计价依据，满足建设工程设计概算的编制与审查需要，委托广西建设工程造价管理总站编制了《广西壮族自治区建筑工程概算定额》，并形成了征求意见稿。

海南省住房和城乡建设厅编制发布了《海南省工程造价咨询成果文件监督管

理暂行规定（试行）》。

云南省住房和城乡建设厅调整了《云南省 2013 版建设工程造价计价依据》中的定额人工费，发布了《关于建筑业营业税改征增值税调整云南省建设工程造价计价依据的实施意见》。

贵州省住房和城乡建设厅组织完成了《贵州省通用安装工程计价定额（初稿）》、《贵州省园林绿化工程计价定额（初稿）》、《贵州省仿古建筑工程计价定额（初稿)》以及《贵州省通用安装工程计价定额》（征求意见稿）编制工作。

西藏自治区住房和城乡建设厅组织编制的《西藏自治区建设工程 2016 预算定额》通过了专家技术审查。

四川省住房和城乡建设厅起草了《四川省建设工程造价管理办法》，组织征求了对其的相关意见；颁布了《四川省房屋建筑和市政工程工程量清单招标投标报价评审办法》以及《评标表格调整》。

陕西省住房和城乡建设厅对建筑工程、装饰装修工程、安装工程、市政工程、园林绿化工程、西安市城市轨道交通工程、市政设施维修养护工程、仿古建筑工程、房屋修缮工程等相关计价程序以及综合系数、税率等进行了调整。

甘肃省住房和城乡建设厅调整了《甘肃省城市轨道交通工程费用定额(试行)》以及《甘肃省建筑安装工程费用定额》规费中社会保险费和住房公积金费率标准核定的有关规定。

青海省住房和城乡建设厅调整了青海省建设工程预算定额中的人工费单价，并联合省财政厅委托青海省建设工程造价管理总站编制完成了《青海省建筑安装工程费用项目组成及计算规则》以及 2016 版《青海省房屋建筑与装饰消耗量定额与基价》、《青海省通用安装工程消耗量定额与基价》、《青海省市政工程消耗量定额与基价》、《青海省园林绿化工程消耗量定额与基价》、《青海省施工仪器仪表台班费用单价（西宁市区）》、《青海省建设工程消耗量定额与基价混凝土、砂浆配合比》、《青海省仿古建筑工程消耗量定额与基价》、《青海省房屋修缮工程消耗量定额与基价》（包括安装分册和土建分册）、《青海省市政维护工程消耗量定额与基价》。

内蒙古自治区住房和城乡建设厅发布了《公共建筑节能改造技术规范》

（J13310—2016）、《自保温砌块建筑构造图集》（DBJ 03—76—2016），印发了《关于建筑业营业税改征增值税调整内蒙古自治区现行计价依据实施方案》。

二、行业监管与自律

中价协在京组织召开了第一次工程造价咨询行业全国信用评价专题会议。会议主要围绕社会信用体系建设的重要性、工程造价改革、政府职能转变、统一计价依据等展开，对行业信用体系的构建、信用信息共享平台的搭建、守信激励和失信惩戒机制的建立等进行了详细的研究，并部署了2016年度工程造价咨询企业信用评价工作。

中价协为加强协会单位会员及个人会员的服务工作，起草了试行版的《中国建设工程造价管理协会单位会员管理办法》、《中国建设工程造价管理协会个人会员管理办法》、《中国建设工程造价管理协会会费管理办法》，并经中价协会员代表大会暨第六届理事会第三次理事大会审议通过。

河北省住房和城乡建设厅组织开发的以房地产开发企业和建筑施工企业为试点的"河北省住房城乡建设行业信用信息系统"已完成系统开发和上线测试，以加强全省住房城乡建设行业信用体系建设，督促企业诚信度的保持与提高，营造诚实守信的市场竞争环境。

湖北省按照《关于清理规范行政审批中介服务重点整治"红顶中介"的通知》（鄂办发〔2015〕38号）的要求，对全省各级住房城乡建设部门及所属事业单位设立或参与设立的工程造价咨询企业展开了清理工作。

山东省制定发布了《山东省工程造价咨询企业信用等级评价管理办法》，各市（如济南市、淄博市等）为顺利开展2014～2016年度工程造价咨询企业信用等级评价工作，召开了工程造价咨询企业工作会议，布置了2014～2016年度工程造价咨询企业信用等级评价工作，讲解了信用评价内容、标准、方法以及网上申报工作的具体流程与注意事项，以保证后期全省工程造价咨询企业信用等级评价工作的可持续发展。

安徽省住房和城乡建设厅以计算机和互联网技术为基础，组织开发了"安徽省建设工程造价全过程监管平台"，并于2016年6月1日正式运行。此平台与安徽省工程建设监管和信用管理平台深度对接，实现了省、市、县（区）三级管理部门之间数据的互相传递与交换，奠定了建立全省建设工程数据库的基础。

安徽省住房和城乡建设厅联合安徽省审计厅制定了《加强国有资金投资建筑工程项目监管的意见》，对加强国有资金投资建设项目中的工程造价咨询企业监管提出了六条建议，包括规范工程造价咨询企业选择、加强工程造价咨询企业信用管理、严格履行工程造价咨询职责、切实提高工程造价咨询服务质量、加强工程造价咨询的监督检查以及建立协同监管机制等，规范了国有资金投资建设项目中工程造价咨询企业的执业行为，促进了工程造价咨询企业更好地履行自身职责。

江西省住房和城乡建设厅为充分发挥江西省建筑市场监管与诚信信息一体化工作平台（以下简称"一体化工作平台"）的作用，建立了"一体化工作平台"查询账户。

三、行业相关课题研究

住房城乡建设部标准定额研究所联合部分省级工程造价管理机构就海绵城市、老旧小区改造等相关工程造价计价方式和方法在北京召开了《海绵城市、老旧小区改造建设工程计价方式和方法研究》课题启动会。

住房城乡建设部标准定额司与中价协联合进行的《工程造价咨询企业国际化战略研究》以及《国际工程项目管理模式研究》课题于2016年4月通过了课题大纲审查会，并由中价协先后在南京、北京组织召开了初稿讨论会及课题研讨会。该系列课题深入探究了国外法律、政策以及政府和行业协会的管理模式，重点分析与国际化相适应的企业经营战略、信息化战略等，提出了在企业扩展国际化业务中，政府行政主管部门和行业协会应尽的职责，为企业开展国际化业务以及我国工程造价咨询企业走出去提供了具有可操作性的建议。

中价协组织进行的课题——《工程造价咨询职业保险制度研究》、《建设工程造价管理立法制度研究》通过了相应的专家评审，该系列课题成果对行业转移职业风险、树立行业信誉、规范行业自律、提高行业地位和影响力等方面均具有重要意义。

北京市建设工程造价管理处联合北京新奥集团有限公司共同完成了"北京市

城市综合管廊工程计价依据"课题研究。该课题研究过程中形成的基础数据可作为编制综合管廊工程相关计价依据的参考，为后期计价依据的编制提供了便利。

北京市建设工程造价管理处对"城市轨道交通工程洞内机械挖土方计价体系研究课题"进行了立项，与北京市城市快轨建设管理有限公司合作开展了此课题研究，并于2016年12月12日通过了专家评审，该课题研究成果为完善2012年北京市预算定额以及北京市洞内机械暗挖工程计价依据的编制提供了参考，同时，对推广城市轨道交通工程绿色施工模式以及提高机械化施工程度，具有一定的指导意义。

重庆市建设工程造价总站负责的《海绵城市建设工程造价计价方式和方法研究》课题第四部分子课题——"海绵城市建设工程计价项目划分"已形成初稿，并通过专家评审。

由湖南省住房和城乡建设厅牵头的"湖南省地下综合管廊入廊管线直埋成本测算和综合管廊有偿使用政策研究"课题立项启动。此课题旨在贯彻《国务院办公厅关于推进城市地下综合管廊建设的指导意见》，建立地下综合管廊有偿使用机制，加快推进湖南省地下综合管廊建设。

湖南省建设工程造价管理协会组织进行的《湖南省装配式建设工程计价依据（暂行）》、《BIM技术在全过程造价管理中的数据标准化研究》以及《PPP模式下的建设工程项目造价控制研究》课题已全面启动，并处于有序实施中。

广东省建设工程造价管理总站委托广州众为工程咨询有限公司和广州中联工程咨询有限公司联合进行的"广东省建筑产业现代化工程造价体系研究"课题通过了专家评审。该课题成果为解决目前定额与市场脱节、定额与工法和设计不对应、定额与工程管理模式不适应等问题提供了相应的支持，课题研究报告中提出的造价体系方案不仅与建筑产业现代化相适应，并且具有一定的前瞻性、可行性和适用性。

广东省建设工程造价管理总站委托广州市工程造价行业协会开展"城市地下综合管廊计价依据运用"课题研究，课题组赴湖南、江苏等地开展实地调研，提出了广东省编制城市地下综合管廊计价依据的思路和规划，并于2016年11月8日通过了专家评审。

四、行业人才培养

中价协为提高会员单位 PPP 项目的专业服务水平，面向会员单位高层管理人员，在北京举办了免费研修班。

中价协为加快 BIM 技术在工程造价咨询行业的开发与应用，与山西省建设工程造价管理协会共同举办了"BIM 技术与工程造价咨询行业转型升级"培训会议，以提高工程造价协会、工程造价咨询企业的相关服务方与业务骨干对 BIM 的理解。

中价协为配合国家实施"一带一路"战略，在北京召开了"推进海外工程造价咨询工作交流研讨会"，邀请中价协理事以及对海外市场有兴趣的其他中价协会员就中国企业在海外建设市场发展情况、海外工程报价特点等进行研讨交流。

中价协组织举办了为期三天的"政府与社会资本合作（PPP）模式高端研修班"，授课师资结合实际案例，就 PPP 模式框架、要点、投融资等进行了系统深入的讲解，有助于提高行业的专业服务水平。

中价协联合广东省建设工程造价协会在深圳市举办了"建设工程造价行业'营改增'专题培训班"，为工程造价咨询行业相关人员讲解"营改增"对工程造价、工程计价方式的影响以及工程造价构成各项费用调整和税金计算方法。

中价协委托四川省造价工程师协会在成都组织召开了"2016 政府与社会资本合作（PPP）模式专题论坛"，从不同角度，为参会的行业相关人员解析了 PPP 项目中政府、社会资本、咨询服务机构等主体所担负的责任、权利以及风险，并请专家做了《PPP 模式和 BIM 技术叠加下工程造价咨询机构的机遇》的主旨演讲，为工程造价咨询机构人员开展 PPP 项目咨询提供了指导。

中价协在昆明召开了全国造价工程师继续教育与专业人员培养工作会议，分析了目前工程造价行业改革的形式，并以自主选择自愿报名的原则，号召相关从业人员进行继续教育，以提高自身专业水平，适应工程造价行业改革的发展趋势。

上海市建筑建材业市场管理总站联合上海市建设工程咨询行业协会组织各行业主管部门以及上海市所有工程造价咨询企业技术骨干召开了"上海市实施建筑业营改增调整建设工程计价依据"宣贯会。

重庆市建设工程造价管理协会面向工程造价咨询企业相关人员，聘请专家举办了"2016工程造价审计专题讲座"，以进一步提升工程造价审计人员的业务水平。

吉林省住房和城乡建设厅在省会长春召开了《建筑业营业税改征增值税调整吉林省建设工程计价依据实施办法》宣贯会议，为造价从业人员明确了调整后的计价依据。

安徽省建设工程造价管理总站组织全省各市造价站、各工程造价咨询企业技术负责人召开了《安徽省建设工程造价咨询合同》和《建设工程造价咨询规范》宣贯会议。

第二章

影响行业发展的主要环境因素

第一节　经济环境[①]

一、宏观经济环境

（一）经济总量、结构

2016 年全年国内生产总值 744127 亿元，比 2015 年增长 6.7%。增速比 2015 年下滑 0.2 个百分点。其中，第一产业增加值 63671 亿元，增长 3.3%；第二产业增加值 296236 亿元，增长 6.1%；第三产业增加值 384221 亿元，增长 7.8%。第一产业增加值占国内生产总值的比重为 8.6%，第二产业增加值所占比重为 39.8%，第三产业增加值所占比重为 51.6%，比上年提高 1.4 个百分点。全年人均国内生产总值 53980 元，比上年增长 6.1%。全年国民总收入 742352 亿元，比上年增长 6.9%。

从 2016 年全国国内生产总值增速比 2015 年下滑 0.2 个百分点可以看出，宏观经济环境呈现增速减缓的趋势。

（二）固定资产投资

2016 年固定资产投资绝对数量在增长，但是增长速度比 2015 年均有下滑。

---

① 本节数据来源于：

　1. 国家统计局. 中华人民共和国 2016 年国民经济和社会发展统计公报.

　2. 国家统计局. 2016 年全国房地产开发投资和销售情况.

2016 年全社会固定资产投资 606466 亿元，比 2015 年增长 7.9%，扣除价格因素，实际增长 8.6%。其中，固定资产投资（不含农户）596501 亿元，增长 8.1%。分区域看，东部地区投资 249665 亿元，比 2015 年增长 9.1%；中部地区投资 156762 亿元，增长 12.0%；西部地区投资 154054 亿元，增长 12.2%；东北地区投资 30642 亿元，下降 23.5%。

在固定资产投资（不含农户）中，第一产业投资 18838 亿元，比上年增长 21.1%，增速较 2015 年下滑 10.7 个百分点，是三个产业中增速下降最大的一个产业；第二产业投资 2318260 亿元，增长 3.5%，增速较 2015 年下滑 4.5 个百分点；第三产业投资 345837 亿元，增长 10.9%，增速较 2015 年下滑 0.3 个百分点。基础设施投资 118878 亿元，增长 17.4%，占固定资产投资（不含农户）的比重为 19.9%。民间固定资产投资 365219 亿元，增长 3.2%，占固定资产投资（不含农户）的比重为 61.2%。高技术产业投资 37747 亿元，增长 15.8%，占固定资产投资（不含农户）的比重为 6.3%。2016 年按领域分固定资产投资（不含农户）及其占比情况如图 2-1 所示。

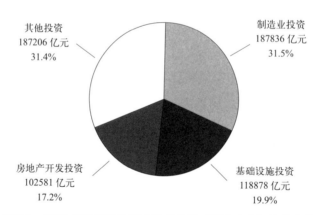

图 2-1　2016 年按领域分固定资产投资（不含农户）及其占比

2016 年全国 30 个省市中（不含西藏）固定资产投资（不含农户）较 2015 年正增长的有 28 个，工程造价咨询行业整体营业收入较 2015 年正增长的有 27 个，固定资产投资和行业整体营业收入增长呈正相关的有 27 个，正相关率达 90%。2016 年各省市固定资产投资和工程造价咨询行业整体营业收入增长率对比情况如图 2-2 所示。

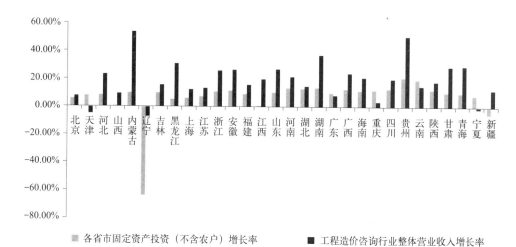

图 2-2　2016 年各省市固定资产投资和工程造价咨询行业整体营业收入增长率对比

（三）经济新常态

新常态的概念是在 2014 年提出的，这种类型的经济主要有三个主要特点：增长速度由高速转为中高速；经济结构向全面变化，第三产业逐步成为产业主体；发展动力从要素驱动、投资驱动转向创新驱动。

2016 年是"十三五"的开局之年，根据国家统计局的相关资料统计，全年 GDP 比 2015 年增长了 6.7%，我国经济新常态特征更加趋于明显，经济发展进入了增速换挡、动能转换以及结构优化的模式。

在经济新常态下，央行在积极维持金融体系流动性的基础上，进一步下调了贷款基准利率，加快推进服务业等领域的结构性改革，使得国内服务业比重得到一定程度的上升，并以调结构的方式，改善了我国实体经济的现状。

因经济进入新常态而被提出的供给侧改革内容之一便是房地产去库存，这在一定程度上直接导致了房地产在建面积进一步减小，降低了房地产行业的投资，以及地方政府的相关税收与土地转让收入，进而加剧了地方政府财务困境。为了抵御房地产下滑对国内经济的冲击，政府大力推广政府和社会资本合作（PPP）

模式在基础设施及公共服务领域的应用。在房地产投资减少、地方政府面临债务风险上升的情况下，PPP 项目投资便充当了主要缓冲角色。

经济新常态要求发展动力要从要素驱动向创新驱动转变，而创新是引领经济新常态的根本之策。在这种趋势下，生产企业通过技术升级、产品／服务创新等来提高自身的竞争实力，以满足经济新常态下行业的发展需求。

除此之外，"三农"问题一直是困扰我国经济能否成功转型的基础，而在经济新常态下，我国把解决好"三农"问题、打好脱贫攻坚战作为工作重点，并加大了城镇基础设施的建设以及加大了农林牧渔业的投资比例。

工程造价咨询企业应在充分认识经济新常态以及经济新常态下相关行业发展趋势的基础上，顺应经济新常态的趋势，创新服务理念，转变服务思想，根据新常态下的形势不断调整行业结构。

二、建筑业经济形势

2016 年全社会建筑业增加值 49522 亿元，比 2015 年增长 6.6%。全国具有资质等级的总承包和专业承包建筑业企业实现利润 6745 亿元，增长 4.6%，其中国有控股企业 1879 亿元，增长 6.8%。据国家统计局公布的数据显示，2016 年全国建筑业总产值达 193567 亿元，比 2015 年增长 7.1%。2016 年全国建筑业房屋建筑施工面积 126.4 亿 m^2，比 2015 年增长 2.0%。全年对外承包工程业务完成营业额 10589.2 亿元，按美元计价为 1594.2 亿美元，比 2015 年增长 3.5%。对外劳务合作派出各类劳务人员 49.4 万人，下降 3.6 万人。

以 2013 年数据为基准，全国固定资产投资（不含农户）在 2014 年、2015 年和 2016 年较上年的实际增幅分别是 15%、10% 和 8%，建筑业总产值在 2014 年、2015 年和 2016 年较上年的增幅分别是 10.2%、2.3% 和 7.1%，工程造价咨询行业整体营业收入总额在 2014 年、2015 年和 2016 年较上年的增幅分别是 20.93%、8.44% 和 6.91%，如图 2-3 所示。将 2016 年各省市建筑业产值占全国建筑业总产值的比例与各省市行业整体营业收入占全国行业整体营业收入的比例进行线性对比，两条趋势线基本吻合，如图 2-4 所示，说明工程造价咨询行业受建筑业发展影响较大。

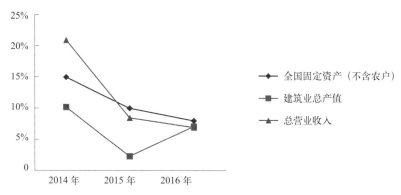

图 2-3　全国固定资产投资、建筑业总产值、行业整体营业收入年增长率变化图(以 2013 年为基准)

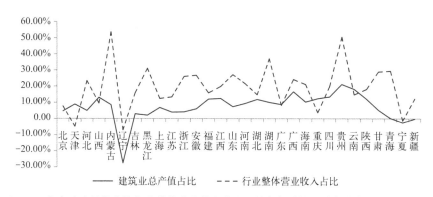

图 2-4　2016 年各省市造价咨询行业整体营业收入占全国比例与建筑业总产值占全国比例比较情况

三、房地产行业经济形势

房地产行业告别高速增长，行业改革需求加大。2016 年房地产开发投资 102581 亿元，比 2015 年增长 6.9%。其中，住宅投资 68704 亿元，增长 6.4%；办公楼投资 6533 亿元，增长 5.2%；商业营业用房投资 15838 亿元，增长 8.4%；年末商品房待售面积 69539 万 m^2，比 2015 年末减少 2314 万 m^2；年末商品住宅待售面积 40257 万 m^2，比上年末减少 4991 万 m^2；全年全国城镇棚户区住房改造开工 606 万套，棚户区改造和公租房基本建成 658 万套；全年全国农村地区建档立卡贫困户危房改造 158 万户。

2016 年全国房屋新开工面积 166928 万 m^2，比 2015 年增长 8.1%，其中住宅新开工面积增长 8.7%。全国商品房销售面积 157349 万 m^2，比 2015 年增

长 22.5%，其中住宅销售面积增长 22.4%。全国商品房销售额 117627 亿元，比
2015 年增长 34.8%，其中住宅销售额增长 36.1%。房地产开发企业土地购置面积
22025 万 m²，比 2015 年下降 3.4%。12 月末，全国商品房待售面积 69539 万 m²，
比 11 月末增加 444 万 m²。全年房地产开发企业到位资金 144214 亿元，比上年
增长 15.2%。业内人士认为，在新常态下，面对错综复杂的国际形势和不断加大
的经济下行压力，投资结构将会逐步变化，这些变化必然会带来行业增速的下滑。

2016 年，东部地区房地产开发投资 56233 亿元，比 2015 年增长 5.6%；中部
地区投资 23286 亿元，增长 10.7%；西部地区投资 23061 亿元，增长 6.2%；东北
地区投资 28797 亿元，下降 24.7%。

2016 年，房地产开发企业房屋施工面积 758975 万 m²，比 2015 年增长 3.2%。
其中，住宅施工面积 521310 万 m²，增长 1.9%。房屋新开工面积 166928 万 m²，
增长 8.1%，增速提高 0.5 个百分点。其中，住宅新开工面积 115911 万 m²，增长 8.7%。
房屋竣工面积 106128 万 m²，增长 6.1%，增速回落 0.3 个百分点。其中，住宅竣
工面积 77185 万 m²，增长 4.6%。

2016 年，房地产开发企业土地购置面积 22025 万 m²，比 2015 年下降 3.4%；
土地成交价款 9129 亿元，增长 19.8%，增速回落 1.6 个百分点。

2016 年，房地产开发企业到位资金 144214 亿元，比 2015 年增长 15.2%。其
中，国内贷款 21512 亿元，增长 6.4%；利用外资 140 亿元，下降 52.6%；自筹资
金 49133 亿元，增长 0.2%；其他资金 73428 亿元，增长 31.9%。在其他资金中，
定金及预收款 41952 亿元，增长 29.0%；个人按揭贷款 24403 亿元，增长 46.5%。

2016 年 1 ~ 12 月国房景气指数如图 2-5 所示。

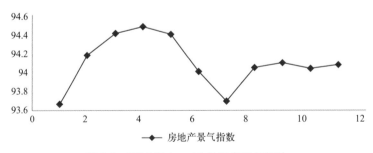

图 2-5　2016 年 1 ~ 12 月国房景气指数

第二节　社会环境

一、全面启动供给侧改革

我国经济进入新常态后，旧经济疲态逐渐显露，而包括产业结构、区域结构、要素投入结构、排放结构、收入分配结构等在内的结构性问题也日渐趋于明显，加上宏观调控层面上的货币政策、投资拉动等效果不佳，在这种情况下，供给侧改革被提出。供给侧改革主要是为了适应我国经济结构性分化逐渐明显的趋势，通过优化供给侧机制，改革制度供给，从而激发微观经济主体活力，为我国经济长期稳定发展带来新动力。

供给侧改革强调创新驱动、服务升级，2016 年是供给侧结构性改革全面启动之年，也是供给侧结构性改革的攻坚之年，以五大任务——去产能、去杠杆、去库存、补短板、降成本（简称"三去一降一补"）作为改革的主题和要点，通过国家政策扶持和各行各业的积极响应，供给侧改革初见成效。其中，为了达到"降成本"的目的，全面生产成本管理被大力推行，使得工程造价咨询企业向全过程造价咨询以及全过程成本管理服务方向升级，不仅打破了传统工程造价咨询仅存在于工程建设某一阶段的局限，还为今后适应 EPC 模式奠定了基础。

除此之外，"去库存"工作也取得了令人瞩目的成就，在一定程度上改善了供需关系。

基于农村供给侧改革下，农村供电、供水、交通、通信设施均得到了相应的完善，强化农业农村基础设施建设一直是农村供给侧改革的关键和重点。

供给侧改革为工程造价咨询行业进行服务升级以及行业未来发展提供了良好的方向，在供给侧改革攻坚阶段，工程造价咨询行业在服务升级方面取得了一定成效，但仍需巩固服务升级的态势，进一步优化行业结构，以适应供给侧改革的深化阶段。

二、进一步深化"放管服"改革

"放管服"改革指的是简政放权、放管结合、优化服务改革。简政放权、放管结合是为推进行政体制改革服务的，早在党的十八届三中全会上就把其作为改革的重中之重，而2016年召开的"全国推进简政放权放管结合优化服务改革电视电话会议"，再次明确了简政放权、放管结合的重要性，并且强调要加大放权力度，增加行政审批事项取消数量，继续开展相对集中的行政许可权改革试点，将地方实施综合审批的经验进行推广。

持续简政放权还包括扎实做好职业资格改革，取消职业资格许可，优化相关认定事项，清理繁琐的行业职业资格证书，建立国家职业资格目录清单管理制度，查处职业资格"挂证"、"助考"等行为，严格落实考培分离工作。

监管创新是2016年"放管服"改革的工作重点。公正监管、综合监管、审慎监管的探索与实施加快了事中事后监管体系的构建，推进了政府监管体制的改革。在监管创新过程中，摸索出了一套"双随机、一公开"的监管模式，即随机建立抽查事项清单，随机制定抽查工作细则，并将最终抽查结果面向大众进行公开。

优化服务改革主要侧重于政府服务优化，通过简化服务流程，创新服务方式提高政府办事效率，依靠政府部门间的数据信息共享实施方案以及互联网技术等，实现不同部门之间数据信息的传递与共享，建设高效运行的服务型政府，为企业和群众提供方便、有效率的服务。

"放管服"改革的深化对工程造价咨询行业发展而言是一个利好的外界条件，部分职业证书的取消、新监管模式的应用不仅对工程造价咨询行业结构优化具有一定的正向促进作用，而且还为行业发展营造了公平透明的竞争环境。

三、重点实施国家大数据战略

"十三五规划纲要"中明确指出要把大数据作为基础性战略资源，全面实施国家大数据战略，促进大数据发展行动，加快推动数据资源的共享开放和开发应用，从而助力产业转型升级和社会治理创新。

国家大数据战略的全面实施对优化工程造价咨询行业结构以及实现行业服务升级具有重要的作用。就目前来看，工程造价咨询行业的信息化水平较低，对造价咨询成果数据存储、成果分析等均缺乏有效的管理，并由此导致了行业询价工作的低效运行。而大数据战略下，相关分析软件（如BIM、ERP等）可有效解决上述问题，通过行业大数据库的建立，使得以往工程造价咨询成果得到有效运用。

大数据战略的实施提高了工程造价咨询行业的服务效率及服务的精确性，在这种趋势下，工程造价咨询企业应抓住大数据战略的机遇，积极构建企业数据库系统，提升企业的竞争优势。

四、迎接物联网时代

物联网是在互联网基础上延伸与扩展的产物，物联网实现了物与物之间信息传递的实时性与交互性，被认为是信息技术的第三次浪潮，同时也是确立未来信息社会竞争优势的关键。我国早在2009年就将其正式列为国家五大新兴战略性产业之一。随着时间的推移以及国家政策的大力支持，物联网在我国的应用领域不断扩大，从最初的移动通信、医疗等方面渗透到市政管理、家居建筑等领域。

物联网的核心与基础仍然是互联网技术，其利用RFID（射频识别）、红外感应器等将物体与互联网技术结合在一起，形成物联网平台，并通过云计算技术等对其进行智能控制，从而达到对研究对象的智能化识别、定位、跟踪、监控、管理的目的。正是由于不同系统之间信息交互与数据交换的实现，使得数据访问与调度等变得更加高效，信息管理能力得以提升。

目前，物联网在建筑业的应用处于起步阶段，但已取得了一定的成效，尤其是在电力工程方面。基于物联网平台，工程造价咨询人员可以随着市场经济走势，适时调整工程成本方案，不仅有利于提高工程造价咨询行业的服务质量，还可以有效降低工程成本。因此，工程造价咨询行业应做好相应的技术准备以迎接物联网时代的到来。

五、加强社会信用体系建设

早在2014年，国务院印发了《社会信用体系建设规划纲要（2014—2020年）》，旨在加快部署建设社会信用体系、构筑诚实守信的经济社会环境。经过全社会的不懈努力，社会信用体系建设在2016年快速发展，取得了引人瞩目的成就。

国务院颁布了《关于建立完善守信联合激励和失信联合惩戒制度加快推进社会诚信建设的指导意见》，以推动社会诚信建设进程。随后，中央全面深化改革领导小组第二十五次会议审议通过了《关于加快推进失信被执行人信用监督、警示和惩戒机制建设的意见》，明确构建"一处失信、处处受限"的信用惩戒大格局，一旦企业等发生失信行为，在其他方面的活动也将受到阻碍，以达到严惩的目的。为社会信用体系建设服务的"信用中国网"上线一周年，在信息披露、交换共享等方面取得了重大成就。某些重点领域率先引入了第三方征信参与行业信用建设和信用监督，积极推进社会信用体系建设，而《中国信用体系建设蓝图》（以下简称《蓝图》）已在 2016 年 9 月面向公众发表。《蓝图》从体制机制、信用信息等方面，描绘了社会信用体系建设的清晰线路图，对社会信用体系建设具有一定的指导意义。

2016 年是"互联网＋"迅猛发展的一年，社会信用体系建设充分借助这一优势，运用大数据、云计算、物联网等信息技术，建立了市场主体诚信档案以及行业黑名单、市场退出机制等，推进了企业信用信息归集公示工作。

社会信用体系建设的不断加强，为工程造价咨询行业提供了一个公平公正的市场竞争环境，同时也对其提出了更高要求。工程造价咨询企业在开展咨询服务时，应坚守诚实守信的基本原则，不断提升自身信用水平，以实现行业的可持续发展。

第三节　政策环境

一、投融资政策

（一）投融资体制机制

2016 年 4 月 5 日，国家发展改革委根据《国务院关于投资体制改革的决定》（国发〔2004〕20 号）、《国务院关于改革铁路投融资体制加快推进铁路建设的意见》（国发〔2013〕33 号）等制定了《中西部地区铁路项目中央预算内投资管理暂行办法》，以加快中西部铁路建设进程，发挥中央资金使用效率。

2016 年 4 月 15 日，中国银监会、科技部、中国人民银行联合发布了《关于支持银行业金融机构加大创新力度开展科创企业投贷联动试点的指导意见》（银监发〔2016〕14 号），旨在以开展投贷联动试点的方式来优化金融供给结构，推动银行业金融机构业务的创新发展。

2016 年 7 月 5 日，党中央、国务院发布了《关于深化投融资体制改革的意见》，总结了过去一年投融资体制改革的成果，同时指出了改革过程中存在的诸如简政放权不协同、融资难问题较为突出等主要问题，并提出了深化投融资体制改革需要进一步确立企业的主体地位，明确政府的引导职责，完善政府和社会资本合作模式，充分挖掘民间资本的潜力等要求。

2016 年 9 月 26 日，财政部为进一步加强政府和社会资本合作（PPP）项目的财政管理，发布了《财政部关于印发〈政府和社会资本合作项目财政管理暂行办法〉的通知》（财金〔2016〕92 号），明确了项目识别论证的主体、项目方案中包含的内容等，并提出参加采购评审的社会资本所提出的技术方案内容最终被全部或部分采纳，但经采购未中选的，财政部门应会同行业主管部门对其前期投入成本予以合理补偿。

2016 年，为推进农村基础设施建设进程，由国家发展改革委牵头起草的《关于创新农村基础设施投融资体制机制的指导意见》的初稿正在修改完善中。

2016 年 11 月，财政部先后发布了《地方政府一般债务预算管理办法》（财预〔2016〕154 号）和《地方政府专项债务预算管理办法》（财预〔2016〕155 号）（以下均简称《办法》）。《办法》中明确指出要加强地方政府债务管理信息化建设，专项债务管理纳入全国统一的管理信息系统。

2016 年 12 月 5 日，国家发展改革委以 45 号令的形式发布了《中央预算内投资补助和贴息项目管理办法》，明确了投资补助和贴息资金重点用于社会公益服务和公共基础设施、生态环境保护和修复等。

2016 年 12 月 21 日，国家发展改革委联合中国证监会印发的《关于推进传统基础设施领域政府和社会资本合作（PPP）项目资产证券化相关工作的通知》（发改投资〔2016〕2698 号）提出各省级发展改革部门要积极在基础设施领域 PPP 项目中推广资产证券化，明确了重点推动资产证券化的 PPP 项目范围，并要求于2017年2月17日前，推荐1～3个首批拟进行证券化融资的传统基础设施领域PPP项目。

（二）主要领域投融资相关政策

1. 城市基础设施

国家发展改革委和交通运输部联合发布了《交通基础设施重大工程建设三年行动计划》（发改基础〔2016〕730号，以下简称《计划》）。《计划》中指出交通基础设施建设在2016～2018年间将把重点放在铁路、公路、水路、机场、城市轨道交通方面，预计总投资将达到4.7万亿元，并且明确了三年间的拟重点推进项目，共计303项。

对于城市生活垃圾处理设施建设，国务院于2016年12月发布的《"十三五"生态环境保护规划》（建城〔2016〕227号）对城镇、大中型城市的垃圾处理问题分别做出了相应的要求。其中，城镇垃圾处理设施到2020年底前实现全覆盖，大中型城市以生活垃圾焚烧发电技术为发展重点，在一定区域内实现垃圾焚烧处理设施的共建共享，全国城市生活垃圾无害化处理率达到95%以上，90%以上的村庄生活垃圾将得到有效治理。

国家发展改革委联合交通运输部、住房城乡建设部、国土资源部发布了《关于加强干线公路与城市道路有效衔接的指导意见》（发改基础〔2016〕1290号），明确指出要根据城市规模大小来进行城市等级公路的规划建设，从而达到缓解瓶颈路段拥挤的目的。

关于公共交通基础设施建设，要按城市大小来进行公共交通的分担，并以提高其分担率为突破口。超大/特大城市、大城市、中小城市到2020年的公共交通分担率分别为40%以上、30%以上、20%以上。以保证城市内外交通间的顺畅衔接为基本原则来推进城市综合交通枢纽的建设，实现中心城区公交站点500m内全覆盖。并采取一系列措施来吸引社会资本参与公共交通设施的建设与运营，从而提高公共交通的服务能力。

2. 城市地下综合管廊

2016年2月，出台《国务院关于深入推进新型城镇化建设的若干意见》（国发〔2016〕8号,以下简称《意见》。《意见》中提出要实施城市地下管网改造工程,对地下管网进行合理布局,城市新区、各类园区、成片开发区的新建道路也需同步建设地下综合管廊。

住房城乡建设部于 2016 年 8 月发出《住房城乡建设部关于提高城市排水防涝能力推进城市地下综合管廊建设的通知》(建城〔2016〕174 号,以下简称《通知》)。《通知》要求全国各地做好城市排水防涝设施建设规划以及城市地下综合管廊工程规划等,统筹协调利用地下空间,并明确指出要放宽市场准入条件,通过完善投资回报机制,吸引更多社会资本参与城市地下综合管廊建设。

3. 社区养老服务设施

国家发展改革委印发的《促进民间投资健康发展若干政策措施》(发展改革委、全国老龄办发〔2016〕73 号)中提出要保证对各类投资主体进入社会服务领域做到一视同仁,放宽原有民间投资进入社区养老服务设施建设的条件基础,允许民间资本进入民用机场、国防科技等领域,进一步吸引鼓励社会资本参与到社区养老服务设施建设中来。完善民生领域已有的配套政策,并出台相应具有实质性的措施。

4. 海绵城市建设

国务院关于印发"十三五"环境保护规划的通知中明确提出,要进一步推进海绵城市建设,城市新区在推进海绵城市建设中,要以生态环境保护为优先考虑要素,将新区开发强度控制在合理范围内,而老城区要以问题为导向,以解决城市内涝、雨水收集利用等为突破口,加强雨水调蓄、排水防涝等设施建设。

2016 年 12 月 26 日召开的全国住房城乡建设工作会议中提出要加快补齐城市基础设施短板,新开工地下综合管廊在 2017 年要达到 2000km 以上,从而推动海绵城市的建设进程。

5. 铁路

2016 年 7 月 13 日,国家发展改革委印发了《中长期铁路网规划(2016—2030)》(发改基础〔2016〕1536 号,以下简称《规划》)。《规划》中提及了 2020 年、2025 年以及 2030 年三个时间节点,其中,到 2020 年,将投资建成一批重大标志性项目,铁路网规模亦将达到 15 万 km,就大城市而言,覆盖面积将达到

80%；到 2025 年，路网结构得到进一步优化，相比于 2020 年，铁路网规模将增加 2.5 万 km 左右；到 2030 年，内外互联互通、区际多路畅通等基本实现，县域等地区也基本被覆盖。《规划》中还明确了铁路规划方案，如完善目前的全国铁路网以提供更加广泛的公共服务、建成以特大城市为中心以省会城市为支点的现代化高速铁路网等，若规划方案实现，远期铁路网规模将达到 20 万 km。

（三）投融资模式

2016 年 3 月 31 日，国家能源局发布《关于在能源领域积极推广政府和社会资本合作模式的通知》（国能法改〔2016〕96 号，以下简称《通知》)。《通知》中指出要将政府和社会资本合作（PPP）模式引入能源领域，借助 PPP 模式实现政府职能转变。《通知》明确了 PPP 模式在能源领域的适用范围，包括电力及新能源类项目、石油和天然气类项目以及煤炭类项目等。

2016 年 8 月 10 日，为进一步完善政府和社会资本合作（PPP）模式在传统基础设施领域中的应用，国家发展改革委发布了《关于切实做好传统基础设施领域政府和社会资本合作有关工作的通知》（发改投资〔2016〕1744 号）。

2016 年 9 月 24 日，财政部印发的《政府和社会资本合作项目财政管理暂行办法》中涉及项目识别论证、项目政府采购管理、项目财政预算管理、项目资产负债管理、监督管理等内容，该暂行办法明确了相关主体的职责，强调应加强采用 PPP 模式项目的财政管理，以规范财政部门的履职行为。

2016 年 10 月 11 日，为深化政府和社会资本合作（PPP）模式在公共服务领域的应用改革，提高公共服务领域的供给水平，财政部发布了《关于在公共服务领域深入推进政府和社会资本合作工作的通知》（财金〔2016〕90 号）。

2016 年 10 月 24 日，国家发展改革委印发《传统基础设施领域实施政府和社会资本合作项目工作导则》（发改投资〔2016〕2231 号，以下简称《导则》)。《导则》规定了 PPP 模式在传统基础设施领域的实施方式，新建项目优先采用建设—拥有—运营—移交(BOOT)、建设—拥有—运营(BOO)、建设—运营—移交(BOT)等方式，存量项目优先使用改建—运营—移交（ROT）方式。

2016 年 11 月 24 日，为借助 PPP 模式创新林业投融资机制，推进林业建设，国家发展改革委与国家林业局联合发布《关于运用政府和社会资本合作模式推进林业建设的指导意见》（发改农经〔2016〕2455 号）。

2016 年 12 月 6 日，国家发展改革委联合农业部发布《关于推进农业领域政府和社会资本合作的指导意见》（发改农经〔2016〕2574 号，以下简称《意见》）。《意见》指出 PPP 模式应重点应用于高标准农田、现代渔港、动植物保护等农业基础设施与公共服务领域以及农业资源环境保护与可持续发展、农业物联网与信息化等方面。

二、行业发展主要政策

中共中央、国务院发布《关于进一步加强城市规划建设管理工作的若干意见》，提出要建设国家级装配式建筑生产基地，以降低建筑垃圾的污染程度，加大对装配式建筑的推广力度，力争用 10 年左右时间，使装配式建筑比例在新建建筑中达到 30%。

住房城乡建设部办公厅印发了《关于工程造价咨询企业晋升甲级资质审核工作的补充通知》（建办标〔2016〕30 号），对 2011 版的《关于进一步加强工程造价咨询企业审核工作的通知》中的部分内容进行了调整。

住房城乡建设部标准定额司编制的《工程造价行业"十三五"规划（征求意见稿）》中指出，要建立统一的市场计价规则，推进工程量清单计价与国际接轨，打造可承接国际工程咨询业务的企业，建立以 BIM 技术为基础，以企业数据库为支撑的工程项目造价管理信息系统，到 2020 年，要全面健全市场决定工程造价机制。

中价协发布了《关于发布工程造价咨询企业信息管理系统的通知》（中价协〔2016〕60 号），首次为会员企业提供管理信息系统服务。此系统面向企业开放，旨在提高工程造价咨询行业信息化应用水平。

国家税务总局颁布了《营业税改征增值税试点实施办法》（以下简称《实施办法》），提出以增值税代替营业税，并按此办法进行缴纳。《实施办法》中明确了不同情况下的增值税税率，即提供交通运输、基础电信、建筑、不动产租赁服务，销售不动产，转让土地使用权，增值税税率为 11%；提供有形动产租赁服务的增值税税率为17%；境内单位和个人发生跨境应税行为的增值税税率为0；其他应纳税行为的增值税税率为6%。工程造价咨询服务属于现代服务类，增值税税率为6%。

第四节　市场环境

一、市场需求环境

（一）"三大战略"的全面实施

"三大战略"即"一带一路"战略、京津冀协同发展战略以及长江经济带战略。

关于"一带一路"战略，2016年6月23日，中国、蒙古、俄罗斯共同签署了《建设中蒙俄经济走廊规划纲要》，"一带一路"首个多边经济合作走廊正式实施；2016年9月6日，中国签署了第一份双边战略对接规划，即《"丝绸之路经济带"与"光明之路"对接合作规划》，使得我国的"丝绸之路经济带"建设与哈萨克斯坦的"光明之路"新经济政策实现对接；2016年10月22日，国家国防科工局与国家发展改革委联合发布了《加快推进"一带一路"空间信息走廊建设与应用的指导意见》，以进一步发挥国内空间技术资源优势，有效推进国家"一带一路"建设工作；起于中国黑龙江省黑河市长发屯，终于俄罗斯阿穆尔州布拉戈维申斯克市卡尼库尔干村的黑河—布拉戈维申斯克黑龙江（阿穆尔河）大桥（简称"黑河大桥"）于2016年12月24日正式在中俄两国同步开工。

"一带一路"战略的全面实施，拉动了我国同周边国家的贸易往来，带动了经济的增长，而这种国际之间的合作建设，特别是基础设施的建设，对工程造价咨询行业走出国门，实现服务国际化带来了机遇。

京津冀协同发展战略旨在调整优化城市布局和空间结构，形成京津冀优势互补、互利共赢的协同发展新格局。完成此战略目的的首要任务便是新建或增加联系三地的铁路交通的数量，实现交通一体化，保证三地间交通的畅通与便利。为此，国家发改委于 2016 年 11 月 28 日公布了《京津冀地区城际铁路网规划修编方案》，明确提出以"京津、京保石、京唐秦"三大通道为主轴，到 2030 年基本形成以"四纵四横一环"为骨架的城际铁路网络。

京津冀协同发展带来区域交通建设的增加，使工程造价咨询行业迎来了新的市场机遇。

长江经济带战略实际上是为"一带一路"战略服务，旨在创新区域协调发展体制机制。2016 年 3 月 24 日，《长江经济带发展规划纲要》被审议通过，建设重点是构建长江经济带东西双向、海陆统筹的对外开放新格局。

长江经济带战略的实施加快了综合立体交通走廊的构建，与京津冀协同发展战略效应一样，必然带动经济带圈内各地交通建设和社会经济发展。

（二）新型城镇化的深入推进

据国家统计局相关统计数据显示，截止到 2016 年底，我国城镇化率达到 57.35%，但相比于 2015 年，仅仅增长了 1.25 个百分点，增速有所放缓，但却对新型城镇化建设的质量提出了更高的要求，并在 2016 年将新型城镇化建设的基调定为"以人为本"，即人的城镇化。

目前我国新型城镇化建设正处于关键时期，为深入推进新型城镇化建设，各级政府采取了一系列措施，如进一步扩大新型城镇化综合试点范围，加快对城镇化重点领域的突破。北京市顺义区等 111 个城市（镇）被列为第三批国家新型城镇化综合试点地区，并于 2016 年底前启动试点；国家发改委会同有关部门制定了《2016 年推进新型城镇化重点任务方案》，明确提出全面提升地下综合管廊建设，加快绿色城市、海绵城市等新型城市建设进程；基础设施在上半年的投资达到了 49084 亿元，同比增长 20.9%，增速比去年全年加快 3.7 个百分点，其中，公共设施管理业投资增长 26.6%，加快了 6.4 个百分点；2016 年城市轨道交通建设达到 3847 亿元，在建线路总长 5636.5km，均创历史新高。

新型城镇化的深入推进，带来了交通、城市基础设施等的巨大投资需求，扩大了造价咨询业务的来源。而新型城镇化以可持续发展为基本原则，为适应这一特征，全生命周期造价管理模式被逐渐重视并将在后续发展中得以成熟。

（三）PPP 模式的推广应用

2016 年是 PPP 模式在我国推行的第三年，在政策支持及社会各界的充分响应下，PPP 模式不断发展完善，被广泛推广应用。

依托财政部 PPP 中心网站，全国 PPP 综合信息平台于 2016 年 2 月正式使用，并面向公众披露入库项目基本信息。根据此平台的相关数据统计，截止到 2016 年 12 月底，全国 PPP 项目入库数量 11260 个，投资总额约 13.5 万亿元，项目落地率 31.6%。

PPP 模式是顺应供给侧结构性改革、政府职能转变等形势而被重视并逐渐发展起来的。但是，无论是供给侧结构性改革还是政府职能转变，都不是一朝一夕可以实现的，这就决定了 PPP 模式在未来持续发展中的地位。因此，工程造价咨询行业应高度关注 PPP 模式的发展，着眼于 PPP 模式应用领域，加快行业咨询业务结构调整进程，不断扩宽咨询市场规模及业务范围。

（四）城市地下综合管廊建设的不断推进

城市地下综合管廊建设在 2016 年持续发力，继 2015 年将 20 个城市纳入综合管廊试点范围后，第二批综合管廊试点城市名单被公布，名单中共包含 15 个城市，即成都、郑州、石家庄、合肥、海东、广州、景德镇、保山、平潭、青岛、银川、四平、南宁、杭州、威海。除此之外，各地的城市地下综合管廊项目也相继开工落地，据统计数据显示，截止到 2016 年 12 月底，城市地下综合管廊建设长度已经累计达到 2005km，并且住房城乡建设部印发了一系列文件指导推动城市地下综合管廊建设，如《推进电力管线纳入城市地下综合管廊的意见》、《提高城市排水防涝能力推进城市地下综合管廊建设》、《城镇综合管廊监控与预警系统工程技术规范（征求意见稿）》等。

城市综合管廊建设的不断推进，加大了此领域的投资力度，也随之扩大了工程造价咨询行业的市场空间以及服务规模。

（五）"脱贫攻坚战"的深入展开

"十三五"期间脱贫攻坚目标中明确指出，到 2020 年要基本保障农村贫困人口的住房安全，实现贫困地区基本公共服务主要领域指标接近全国平均水平，这就意味着城镇保障性住房以及城镇基础设施领域建设在未来五年内势必会加大投资力度，从而为"脱贫攻坚战"取得最终胜利提供支撑。

"脱贫攻坚战"的深入开展，再一次将城镇基础设施建设推向高潮，进一步扩大了工程造价咨询行业的市场份额。

（六）装配式建筑的应用推广

装配式建筑即在工厂预先完成建筑构件的加工，并通过运输运到工地指定地点，最后对其进行拼装组建形成建筑雏形。由于装配式建筑墙体的可拆除性，避免了传统房屋拆除时的环境污染问题，加上目前我国环境污染问题严重，最突出的便是雾霾，因此，装配式建筑的绿色建筑属性决定了装配式建筑在我国推行发展的地位。早在 2015 年 12 月印发的《中共中央国务院关于进一步加强城市规划建设管理工作的若干意见》中就明确指出，到 2020 年左右，就新建建筑而言，装配式建筑的比例要达到 20%；2016 年 3 月的《政府工作报告》中又再次提及装配式建筑的重要性，并提出要加快装配式建筑标准化建设，在全国范围内积极推广装配式建筑的应用。

装配式建筑的推广应用在一定程度上增加了工程造价咨询行业的业务种类及数量，但装配式建筑的造价在某些方面跟传统建筑的造价有着明显的区别，如现场装配作业增多，现浇作业减少以及管理趋向信息化等，这也给工程造价咨询行业提出了更高的要求。

二、市场供给环境

（一）专业人才供给数量增多

近年来，我国高校毕业生数呈不断上涨的态势。其中，由于市场对工程造价人才需求的增加，不少高校相继开设了工程造价专业。根据教育部"2016 年度普通高等学校本科专业备案和审批结果"，广州大学、西南石油大学等 24 所普通高校均完成了工程造价专业的备案与审批，青海大学等八所院校通过了新增工程管理专业的审批。除此之外，根据教育部阳光高考信息平台统计数据，2016年土木工程专业毕业生数在众多专业中排行第四，这在一定程度上提高了市场对工程造价方面专业人才的输送能力。企业也根据市场的走势，不定期地开展相应的专题培训，对从业人员实施继续教育。

工程造价从事人员技能的高低会对工程成本产生直接影响，而专业人才的增多对工程造价咨询行业的发展而言，无疑是一大优势。

（二）信息技术发展速度加快

对于工程造价咨询而言，信息技术虽只为其提供了相应的辅助工具，但是却发挥着举足轻重的作用。工程造价信息化成为工程造价咨询活动未来的发展趋势。目前，信息技术发展速度不断加快，尤其是BIM为代表的信息技术的发展应用，提高了工程造价咨询行业的工作效率，并为全过程工程造价咨询服务的开展，提供了技术支持。

第三章

行业标准体系建设

第一节 国家及行业标准体系建设

一、国家及行业标准体系建设概况

随着我国经济社会发展和经济体制改革的不断深化，新的市场形势对工程造价咨询行业提出了更高的要求。因此，建设高质量、完备的国家及行业标准体系是工程造价咨询行业发展进程中的重中之重。为保证行业的良好发展态势，2016年住房城乡建设部标准定额司和中国建设工程造价管理协会在国家及行业标准体系建设方面开展了大量的工作。

（一）住房城乡建设部标准定额司

2016 年，住房城乡建设部标准定额司围绕住房城乡建设中心工作，加快对工程建设标准和计价依据体系的建设步伐，加强了对工程建设标准实施指导监督工作，不断推进工程建设标准管理体制机制创新，促进了标准定额事业的改革发展。

1. 完善工程建设标准和计价依据体系

住房城乡建设部标准定额司紧紧围绕"十三五"经济社会发展基本理念，对海绵城市、现代化建筑产业、节能建筑、基础设施等领域的工程建设标准进行了编制及修订。规范了工程项目建设标准的编制修订程序，提高了标准项目确立的科学性和前瞻性。建立健全了工程项目建设标准体系，改进了相关机制、程序及管理办法。同时对工程计价依据体系进行了完善，编制了适用于城市各类建设的造价指标，调整了建筑业"营改增"后的计价依据，对建设项目总投资费用项目进行了划分，并完成建设工程数据交换等标准。

2. 强化标准的实施指导监督

2016年，住房城乡建设部标准定额司继续强化工程建设标准实施指导监督工作。全年开展了形式多样的重要标准宣贯培训工作，完成对重要标准的宣传、培训和技术交底。同时开展了工程建设标准实施评估技术导则研究，为制定标准实施评估机制奠定基础。总结吸收了强制性标准全过程实施监督信息化试点工作的成果和经验，在此基础上，制定了相关技术导则，加强对标准实施监督有关制度和机制的研究，运用信息化手段推进标准实施监督工作，提高了标准实施的全面性、公平性和有效性。

3. 不断创新体制机制

2016年，住房城乡建设部标准定额司积极稳妥推进工程建设领域标准化深化改革，鼓励制定工程建设团体标准，先后印发了《关于深化工程建设标准化工作改革的意见》及《关于培育和发展工程建设团体标准的指导意见》。对现行工程建设标准进行了全面的清理复查，并完善标准制定工作机制、优化标准编制流程，加强对标准化技术支撑机构的建设。同时，住房城乡建设部标准定额司加强工程造价管理领域的改革及制度建设，完善了工程量清单计价配套制度，编制了多层级工程量清单，制定了建设工程定额体系表和定额编制规则等，以提高定额的科学性和服务水平。此外，还完善了与市场相适应的定额动态调整等管理机制。

(二) 中国建设工程造价管理协会

2016年是全面贯彻落实《深化工程造价管理改革的指导意见》的关键之年，中价协继续对工程计价依据体系进行了丰富和完善。

为规范建设项目结算行为，保证工程结算编制和审查的成果质量，提高行业服务水平，加强行业自律，中价协结合我国工程造价咨询行业和工程结算编制与审查工作实际情况，进行了国家标准《建设项目工程结算编审规范》的编写。为了给工程造价咨询企业及其咨询人员的建设工程造价结算及鉴定活动提供行动依据，中价协进行了国家标准《建设工程造价鉴定规范》的编制工作。为厘清构成工程造价费用间的关系，规范费用构成，中价协配合住房城乡建设部标准定额司完成了《工程造价费用构成研究》课题，制定了《建设项目总投资费用项目划分》，于 2016 年 7 月形成征求意见稿。为推动工程造价数据积累和共享，规范工程造价成果及计价依据电子数据格式，实现工程造价文件标准化，中价协制订了《建设工程造价文件数据标准》，并于 2016 年 7 月形成征求意见稿。与香港工料测量师协会共同进行的 2013 版《工程量清单计价规范（英文译本）》的翻译工作已于 2016 年完成。

由中价协组织编制的新版《建设项目工程设计概算编审规程》和《建设项目工程投资估算编审规程》已正式发布，并分别于 2016 年 5 月 1 日和 2016 年 6 月 1 日实施。此外，中价协对《建设项目全过程造价咨询规程》的修订已完成送审稿。

2016 年，中价协继续对《建设工程造价咨询规范》进行宣贯，促进了工程造价咨询行业执业行为的进一步规范，提高了工程造价咨询企业服务水平，维护了市场的良好秩序。

二、行业标准体系建设成果

近年来，住房城乡建设部和中价协重视对造价咨询行业的深化改革，着力于工程造价咨询行业标准体系建设，顺应社会发展新趋势，发布和实施了许多新标准，并对不符合行业发展要求的标准予以修订或废止，不断充实和完善行业标准体系。近几年工程造价咨询行业标准体系建设成果如表 3-1 所示。

行业标准体系建设一览表

表 3-1

标准	编号	发布时间	实施时间
《建设项目设计概算编审规程》	CECA/GC 2—2015	2015 年 12 月 11 日	2016 年 5 月 1 日
《建设项目投资估算编审规程》	CECA/GC1—2015	2015 年 12 月 31 日	2016 年 6 月 1 日
《建设工程造价咨询规范》	GB/T 51095—2015	2015 年 3 月 8 日	2015 年 11 月 1 日
《建筑工程建筑面积计算规范》	GB/T 50353—2013	2013 年 12 月 19 日	2014 年 7 月 1 日
《工程造价术语标准》	GB/T 50875—2013	2013 年 2 月 7 日	2013 年 9 月 1 日
《建设工程工程量清单计价规范》	GB 50500—2013	2012 年 12 月 25 日	2013 年 7 月 1 日
《房屋建筑与装饰工程工程量计算规范》	GB 50854—2013	2012 年 12 月 25 日	2013 年 7 月 1 日

续表

标准	编号	发布时间	实施时间
《仿古建筑工程工程量计算规范》	GB 50855—2013	2012 年 12 月 25 日	2013 年 7 月 1 日
《通用安装工程工程量计算规范》	GB 50856—2013	2012 年 12 月 25 日	2013 年 7 月 1 日
《市政工程工程量计算规范》	GB 50857—2013	2012 年 12 月 25 日	2013 年 7 月 1 日
《园林绿化工程工程量计算规范》	GB 50858—2013	2012 年 12 月 25 日	2013 年 7 月 1 日
《矿山工程工程量计算规范》	GB 50859—2013	2012 年 12 月 25 日	2013 年 7 月 1 日
《构筑物工程工程量计算规范》	GB 50860—2013	2012 年 12 月 25 日	2013 年 7 月 1 日
《城市轨道交通工程工程量计算规范》	GB 50861—2013	2012 年 12 月 25 日	2013 年 7 月 1 日
《爆破工程工程量计算规范》	GB 50862—2013	2012 年 12 月 25 日	2013 年 7 月 1 日
《建设项目工程竣工决算编制规程》	CECA/GC 9—2013	2013 年 3 月 1 日	2013 年 5 月 1 日
《建设工程人工材料设备机械数据标准》	GB/T 50851—2013	2012 年 12 月 25 日	2013 年 5 月 1 日
《建设工程咨询分类标准》	GB/T 50852—2013	2012 年 12 月 25 日	2013 年 4 月 1 日
《建设工程造价鉴定规程》	CECA/GC 8—2012	2012 年 7 月 19 日	2012 年 12 月 1 日
《建设工程造价咨询成果文件质量标准》	CECA/GC 7—2012	2012 年 4 月 17 日	2012 年 7 月 1 日

其中，2016 年 5 月 1 日开始实施的《建设项目设计概算编审规程》及 6 月 1 日开始实施的《建设项目投资估算编审规程》都是中价协依据目前行业发展的新趋势和新要求，在 2007 版规程的基础上对其进行了补充、完善和修订。新的《建设项目设计概算编审规程》有助于提高设计概算咨询成果质量，规范建设项目设计概算编制办法。新的《建设项目投资估算编审规程》的实施有助于提升投资估算咨询成果质量，规范建设项目投资估算编制办法。

同时，根据行业发展提出的新要求，随着新标准的实施，2012 ~ 2016 年间废止的标准如表 3-2 所示。

2012 ~ 2016 年废止标准一览表   表 3-2

标准	编号	实施时间
《建设工程工程量清单计价规范》	GB 50500—2008	2008 年 12 月 1 日
《房屋建筑与装饰工程工程量计算规范》	GB 50500—2008	2008 年 12 月 1 日
《建设项目设计概算编审规程》	CECA/GC 2—2007	2007 年 4 月 1 日
《建设项目投资估算编审规程》	CECA/GC 1—2007	2007 年 4 月 1 日

第二节　地方标准建设

2016 年，各省市自治区贯彻落实国家及行业标准的执行，部分地区结合本地工程造价咨询行业特点及发展需要，依据国家和地方相关法律法规及技术标准，发布实施了相关地方标准，如表 3-3 所示。

2016 年地方发布实施的标准　　　　　　　　　　　　　　表 3-3

标准	发布时间	实施时间
广西壮族自治区		
《广西壮族自治区建设工程造价软件数据交换标准》	2016 年 7 月 22 日	2016 年 7 月 22 日
山东省		
《山东省建设工程招标投标管理信息系统接口（电子签名认证及工程造价部分）标准》	2016 年 5 月 18 日	2016 年 5 月 18 日
福建省		
《福建省房屋建筑与市政基础设施工程造价电子数据交换导则》（2016 年第 1 次修订部分）	2016 年 1 月 20 日	2016 年 1 月 20 日
《福建省房屋建筑与市政基础设施工程造价电子数据交换导则》（2016 年第 2 次修订部分）	2016 年 3 月 3 日	2016 年 3 月 3 日
《福建省房屋建筑与市政基础设施工程造价电子数据交换导则》（2016 年第 3 次修订部分）	2016 年 4 月 28 日	2016 年 4 月 28 日

广西壮族自治区为了保证区内建设工程计价数据库的通用性和正确性，方便不同计价软件之间的数据交换，确保广西建设工程计算机辅助评标系统的顺利运行，广西建设工程造价管理总站主持制订了《广西壮族自治区建设工程造价软件数据交换标准》（2016 版），并于 2016 年 7 月 22 日正式发布。

山东省为了适应建筑业"营改增"后建设工程电子招投标软件调整需要，根据《建筑业营改增建设工程计价依据调整实施意见》，对《山东省建设工程招标投标管理信息系统接口（电子签名认证及工程造价部分）标准》进行了修订，并于 2016 年 5 月 18 日发布实施。

福建省结合本省实际，为进一步推进建设领域信息化，规范建设工程造价电子数据交换格式，提高建设工程造价信息资源共享和有效利用水平，根据该省相关文件及现行计价规定，在2016年度对《福建省房屋建筑与市政基础设施工程造价电子数据交换导则》（简称《导则》）分别进行了三次修订。分别依据福建省安全文明施工取费标准、新版建筑安装工程费用定额、营业税改增值税后的建设工程计价依据，对《导则》的相应内容进行了三次修改及完善，并分别于2016年1月20日、3月3日和4月28日发布施行。

第四章

行业结构分析①

第一节 企业结构分析

一、2016年企业结构情况分析

2016年，通过《工程造价咨询统计报表制度系统》上报数据的工程造价咨询企业共计7505家，比上年增长5.6%。各类统计结果汇总如下：

7505家工程造价咨询企业中，甲级资质企业3381家，占45.05%；乙级资质企业4124家，占54.95%。分布情况：各地区共计7265家，各行业共计240家。同时，7505家工程造价咨询企业中有2002家专营工程造价咨询企业②，占26.68%；兼营工程造价咨询业务且具有其他资质的企业有5503家，占73.32%。

2016年末，我国工程造价咨询企业按资质分类和企业登记注册类型分类汇总统计信息如表4-1和表4-2所示。

2016年工程造价咨询企业按资质汇总统计信息表（单位：家） 表4-1

序号	省份	工程造价咨询企业数量			专营工程造价咨询企业的数量	具有多种资质的工程造价咨询企业数量
		小计	甲级	乙级		
0	合计	7505	3381	4124	2002	5503
1	北京	295	219	76	88	207

---

① 本章数据来源于2016年工程造价咨询统计资料汇编。
② 本报告中专营工程造价咨询企业统计口径为企业上报资质中仅具有工程造价咨询资质的企业。

序号	省份	工程造价咨询企业数量			专营工程造价咨询企业的数量	具有多种资质的工程造价咨询企业数量
		小计	甲级	乙级		
2	天津	52	34	18	6	46
3	河北	348	143	205	100	248
4	山西	203	64	139	104	99
5	内蒙古	266	81	185	121	145
6	辽宁	260	97	163	158	102
7	吉林	144	46	98	18	126
8	黑龙江	193	53	140	110	83
9	上海	153	112	41	18	135
10	江苏	626	316	310	50	576
11	浙江	395	244	151	33	362
12	安徽	358	117	241	91	267
13	福建	183	83	100	23	160
14	江西	170	50	120	66	104
15	山东	605	191	414	125	480
16	河南	307	90	217	117	190
17	湖北	332	153	179	164	168
18	湖南	282	116	166	70	212
19	广东	378	207	171	67	311
20	广西	115	50	65	13	102
21	海南	50	20	30	16	34
22	重庆	232	118	114	110	122
23	四川	413	222	191	93	320
24	贵州	101	38	63	6	95
25	云南	189	70	119	75	114
26	西藏	9	2	7	2	7
27	陕西	167	95	72	7	160
28	甘肃	171	24	147	36	135
29	青海	47	6	41	9	38
30	宁夏	55	21	34	11	44
31	新疆	166	59	107	64	102
32	行业归口	240	240		31	209

2016 年工程造价咨询企业按企业登记注册类型汇总统计信息表（单位：家）　表 4-2

序号	省份	企业数量	国有独资公司及国有控股公司	有限责任公司	合伙企业	合资经营和合作经营企业	其他企业
0	合计	7505	142	7268	75	8	12
1	北京	295	2	289	3	1	
2	天津	52		50	2		
3	河北	348	2	339	7		
4	山西	203		203			
5	内蒙古	266	1	262	3		
6	辽宁	260	6	254			
7	吉林	144	2	141	1		
8	黑龙江	193	2	190	1		
9	上海	153		149	3	1	
10	江苏	626	12	606	8		
11	浙江	395	6	383	6		
12	安徽	358	3	332	8	4	11
13	福建	183	1	181	1		
14	江西	170	4	162	4		
15	山东	605	3	599	3		
16	河南	307	3	301	2	1	
17	湖北	332	5	327			
18	湖南	282	6	268	8		
19	广东	378	4	372	2		
20	广西	115	3	112			
21	海南	50	1	48	1		
22	重庆	232	2	228	2		
23	四川	413	2	409	2		
24	贵州	101	2	96	3		
25	云南	189	3	186			
26	西藏	9	1	8			
27	陕西	167	1	166			
28	甘肃	171	8	158	4		1
29	青海	47	5	41	1		
30	宁夏	55	1	54			

续表

序号	省份	企业数量	国有独资公司及国有控股公司	有限责任公司	合伙企业	合资经营和合作经营企业	其他企业
31	新疆	166	1	164		1	
32	行业归口	240	50	190	0	0	

其中，2016年各地区工程造价咨询企业按资质汇总统计数据柱状图如图4-1所示。

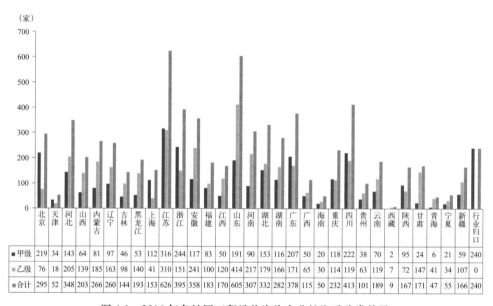

图4-1　2016年各地区工程造价咨询企业按资质分类数量

通过以上数据及图示信息可知：2016年，我国工程造价咨询行业企业总体规模较大，甲级资质企业占全部企业的比例高达45%，同时专营工程造价咨询企业占全部企业的比例达到26%，行业整体及同质化竞争越来越激烈。此外，2016年，我国拥有工程造价咨询企业数量最高的3个地区分别是江苏、山东和四川，而甲级资质企业数量排名在前3位的是江苏、浙江和四川，专营工程造价咨询企业数量排名前3位的地区是湖北、辽宁和山东，说明有些地区虽然总体企业数量较高，但其甲级资质企业占比偏低，且专营企业数量也相对较少，整体技术水平有待进一步提升。同时，2016 年我国工程造价咨询企业注册登记类型中有限责任公司数量排前 3 位的地区为江苏、山东和四川，且江苏地区的国有独资及国有控股公司数量最高，达 12 家。

二、2014 ~ 2016 年度企业结构总体情况概述

（一）企业资质总体情况

2014 ~ 2016 年，全国工程造价咨询企业分别为 6931 家、7107 家、7505 家，分别比其上一年增长 2.0%、2.5%、5.6%。其中，甲级资质企业分别为 2774 家、3021 家、3381 家，占比约 40.02%、42.51%、45.05%，分别比其上一年增长 11.6%、8.9%、11.9%；乙级资质企业分别为 4157 家、4086 家、4124 家，占比约 59.98%、57.49%、54.95%，分别比其上一年减少 3.5%、1.7%、-0.9%。

（二）企业专营与兼营总体情况

2014 ~ 2016 年，专营工程造价咨询企业分别为 2170 家、2069 家、2002 家，分别占全部造价咨询企业的 31.31%、29.11%、26.68%；兼营工程造价咨询业务且具有其他资质的企业分别为 4761 家、5038 家、5503 家，所占比例分别为 68.69%、70.89%、73.32%。

三、2014 ~ 2016 年度企业结构指标统计情况对比分析

（一）2014 ~ 2016 年度企业结构指标总体统计信息

（1）全国工程造价咨询企业按资质分类统计如表 4-3 所示。

工程造价咨询企业按资质分类统计表（单位：家）　　　　表 4-3

序号	年份	工程造价咨询企业数量			专营工程造价咨询企业的数量	兼营工程造价咨询企业的数量
		合计	甲级	乙级		
1	2014 年	6931	2774	4157	2170	4761

续表

序号	年份	工程造价咨询企业数量			专营工程造价咨询企业的数量	兼营工程造价咨询企业的数量
		合计	甲级	乙级		
2	2015 年	7107	3021	4086	2069	5038
3	2016 年	7505	3381	4124	2002	5503

（2）全国工程造价咨询企业按企业登记注册类型分类统计如表4-4所示。

工程造价咨询企业按企业登记注册类型分类统计表（单位：家） 表 4-4

序号	年份	企业数量	国有独资公司及国有控股公司	有限责任公司	合伙企业	合资经营和合作经营企业	其他企业
1	2014 年	6931	157	6655	82	11	26
2	2015 年	7107	147	6856	79	10	15
3	2016 年	7505	142	7268	75	8	12

其中，2014～2016年全国工程造价咨询企业不同分类统计变化如图4-2和图4-3所示。

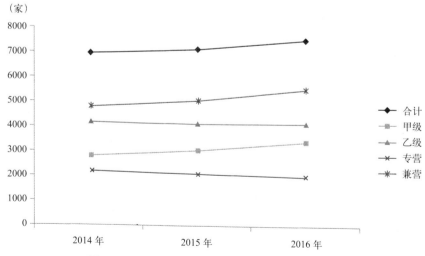

图 4-2　工程造价咨询企业按资质分类数量变化图

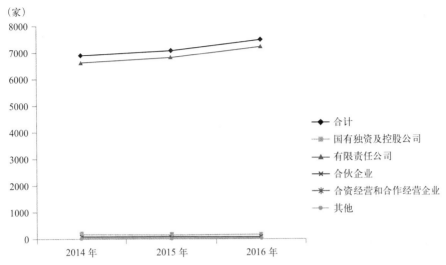

图4-3 工程造价咨询企业按企业登记注册类型数量变化图

通过以上列表及图示信息可知：

（1）2014～2016年，我国工程造价咨询企业总数依然呈上升趋势，2015年比2014年增加176家，增长2.5%，2016年比2015年增加398家，增长5.6%。其中，甲级工程造价咨询企业数量占比逐年提高，已从2014年的40.02%提高到2016年的45.05%，达3381家。乙级工程造价咨询企业数量虽然在2016年得到回升，但是占比仍呈现下降趋势。

（2）2014～2016年，我国专营工程造价咨询企业数量不足总体企业数量的三分之一，且占全部工程造价咨询企业的比例分别为31.31%、29.11%、26.68%，呈小幅下降趋势，而兼营工程造价咨询业务的企业数量则越来越多。这在一定程度上说明我国工程造价咨询行业市场的独立性仍然不足。

（3）2014～2016年，我国工程造价咨询企业基本都是有限责任公司和合伙制形式，且呈现逐年上升趋势，而国有独资公司及国有控股公司的数量则呈现逐年下降趋势，这是经过多年的体制改革和市场化发展的结果。

（二）2014～2016年度企业结构指标分地区统计信息

（1）不同区域工程造价咨询企业数量统计如表4-5所示。

2014 ～ 2016 年工程造价咨询企业数量区域分布统计（单位：家）　　　表 4-5

地区 / 年份	2014 年	2015 年	2016 年
华北地区	1140	1145	1164
东北地区	547	568	597
华东地区	2282	2324	2490
华中地区	899	894	921
华南地区	483	512	543
西南地区	810	876	944
西北地区	532	555	606

（2）各地区工程造价咨询企业按资质分类统计如表 4-6 所示。

2014 ～ 2016 年各地区工程造价咨询企业按资质分类统计表（单位：家）　　　表 4-6

序号	省份	2014 年		2015 年				2016 年			
		合计	甲级	合计	增长（%）	甲级	增长（%）	合计	增长（%）	甲级	增长（%）
0	合计	6931	2774	7107	2.54	3021	8.90	7505	5.60	3381	11.92
1	北京	273	201	285	4.40	209	3.98	295	3.51	219	4.78
2	天津	44	27	57	29.55	32	18.52	52	-8.77	34	6.25
3	河北	355	93	338	-4.79	107	15.05	348	2.96	143	33.646
4	山西	236	51	222	-5.93	54	5.88	203	-8.56	64	18.52
5	内蒙古	232	66	243	4.74	72	9.09	266	9.47	81	12.50
6	辽宁	253	76	257	1.58	92	21.05	260	1.17	97	5.43
7	吉林	127	38	138	8.66	41	7.89	144	4.35	46	12.20
8	黑龙江	167	47	173	3.59	48	2.13	193	11.56	53	10.42
9	上海	148	107	150	1.35	106	-0.93	153	2.00	112	5.66
10	江苏	576	265	594	3.13	297	12.08	626	5.39	316	6.40
11	浙江	384	224	384	0.00	234	4.46	395	2.86	244	4.27

续表

序号	省份	2014年		2015年				2016年			
		合计	甲级	合计	增长（%）	甲级	增长（%）	合计	增长（%）	甲级	增长（%）
12	安徽	326	73	340	4.29	88	20.55	358	5.29	117	32.95
13	福建	126	72	133	5.56	77	6.94	183	37.59	83	7.79
14	江西	140	38	148	5.71	46	21.05	170	14.86	50	8.70
15	山东	582	164	575	−1.20	164	0.00	605	5.22	191	16.46
16	河南	306	67	296	−3.27	70	4.48	307	3.72	90	28.57
17	湖北	326	123	329	0.92	145	17.89	332	0.91	153	5.52
18	湖南	267	83	269	0.75	97	16.87	282	4.83	116	19.59
19	广东	345	171	361	4.64	191	11.70	378	4.71	207	8.38
20	广西	108	34	111	2.78	42	23.53	115	3.60	50	19.05
21	海南	30	15	40	33.33	18	20.00	50	25.00	20	11.11
22	重庆	203	97	219	7.88	102	5.15	232	5.94	118	15.69
23	四川	381	176	401	5.25	190	7.95	413	2.99	222	16.84
24	贵州	92	26	93	1.09	29	11.54	101	8.60	38	31.03
25	云南	134	51	163	21.64	65	27.45	189	15.95	70	7.69
26	西藏	—	—	—	—	—	—	9	—	2	—
27	陕西	160	76	168	5.00	84	10.53	167	−0.60	95	13.10
28	甘肃	130	12	134	3.08	16	33.33	171	27.61	24	50.00
29	青海	42	4	45	7.14	5	25.00	47	4.44	6	20.00
30	宁夏	47	14	52	10.64	17	21.43	55	5.77	21	23.53
31	新疆	153	45	156	1.96	50	11.11	166	6.41	59	18.00
32	行业归口	238	238	233	−2.10	233	−2.10	240	3.00	240	3.00

其中，2014～2016年，我国不同区域及地区工程造价咨询企业数量变化如图4-4和图4-5所示。

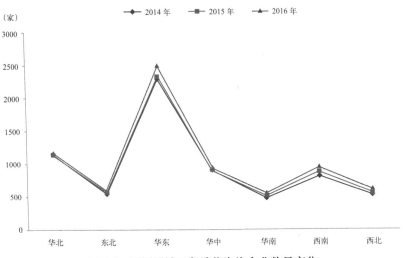

图 4-4 不同区域工程造价咨询企业数量变化

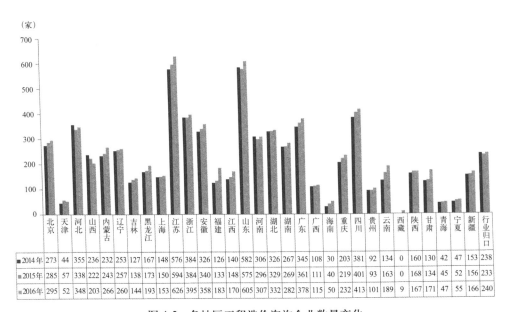

图 4-5 各地区工程造价咨询企业数量变化

不同等级工程造价咨询企业在不同区域及地区的分布数量反映了该地区工程造价咨询行业的发展状况。通过以上列表及图示信息可知：

（1）2014 ～ 2016 年，我国不同区域工程造价咨询企业数量规模及其变化趋势均并不相同。受各地区经济发展状况的影响，华东地区工程造价咨询企业数量最多，华南地区工程造价咨询企业数量最少。同时，华北、东北和华中地区工程造价咨询企业数量基本保持不变，而华东和西南地区的工程造价咨询企业数量则出现一定程度的增长趋势，工程造价咨询行业市场竞争渐趋激烈。

（2）2014～2016年，我国各地区工程造价咨询企业数量规模及其变化趋势差别较大。总体来说，企业数量呈上升态势的地区有24个，其中连续增长最快的三个地区是海南、福建和云南，平均增幅分别为29.2%、21.6%和18.8%，而天津则出现较大幅度减增波动；企业数量呈下降态势的地区是山西；上海、湖北、广西等几个地区基本持平。

第二节　从业人员结构分析

一、2016年从业人员构成情况分析

2016年，通过《工程造价咨询统计报表制度系统》上报的7505家工程造价咨询企业中，共有从业人员462216人。其中，正式聘用员工426730人，占比92.32%，临时聘用人员35486人，占比7.68%；注册造价工程师81088人，占比17.54%，造价员110813人，占比23.97%；专业技术人员314749人，占比68.10%（其中，高级职称人员67869人，中级职称人员161365人，初级职称人员85515人，各级别职称人员占专业技术人员比例分别为21.56%、51.27%、27.17%），如图4-6和图4-7所示。

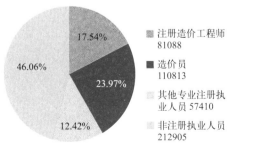

图4-6　专业执业（从业）人员分布图

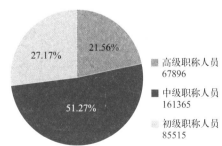

图4-7　技术职称人员分布图

工程造价咨询行业的主要投入是人力资本，即专业技术人员，其构成情况直接影响行业相关业务服务提供的质量和效率，进而影响行业的发展前景。2016年，我国工程造价咨询企业462216位从业人员中，正式聘用员工已达92%，仅有约8%的临时聘用员工，有助于保证企业业务开展的专业性及服务的质量。具体到专业执业（从业）人员及从业技术职称人员的分布比例，从图4-6和图4-7可以看出，作为该行业的高端从业人员，注册造价工程师和高级职称人员依然处于较为紧缺的局面，注册造价工程师占比18%，高级职称人员占比22%。所以，未来工程造价咨询行业人才发展规划中，有必要改善当前专业从业人员的结构分布，注重行业高端人才培养和能力提升。

2016年末，我国各地区工程造价咨询企业中从业人员具体情况如表4-7所示。

2016年各地区工程造价咨询企业从业人员分类统计表（单位：人）　　表4-7

序号	省份	期末从业人员			期末专业技术人员				期末注册（登记）执业（从业）人员		
		合计	正式聘用人员	临时工作人员	合计	高级职称人员	中级职称人员	初级职称人员	注册造价工程师	造价员	期末其他专业注册执业人员
0	合计	462216	426730	35486	314749	67869	161365	85515	81088	110813	57410
1	北京	21206	20022	1184	10743	2213	5792	2738	4979	7292	1269
2	天津	4962	4560	402	3447	741	1383	1323	679	1147	639
3	河北	13321	12025	1296	9292	1873	5617	1802	3275	3837	1248
4	山西	6519	5445	1074	4417	688	3021	708	1879	2285	542
5	内蒙古	6699	5855	844	4947	1124	3121	702	2152	2719	420
6	辽宁	7103	6749	354	5381	1271	3072	1038	2283	3155	348
7	吉林	5806	5240	566	4599	1305	2228	1066	1210	1875	642
8	黑龙江	5216	4540	676	3812	1148	1994	670	1366	1964	376
9	上海	16490	13923	2567	11496	2142	5138	4216	2938	2194	2556
10	江苏	24009	22812	1197	17669	3612	9306	4751	7428	9670	2142
11	浙江	26941	25436	1505	18025	2795	9047	6183	4816	7368	3386
12	安徽	17466	15397	2069	12542	2567	6454	3521	3291	4214	1841

序号	省份	期末从业人员			期末专业技术人员				期末注册（登记）执业（从业）人员		
		合计	正式聘用人员	临时工作人员	合计	高级职称人员	中级职称人员	初级职称人员	注册造价工程师	造价员	期末其他专业注册执业人员
13	福建	16116	15251	865	11942	1873	5964	4105	2171	2396	3474
14	江西	5969	5637	332	4109	836	2304	969	1442	2188	415
15	山东	27458	25131	2327	19158	3214	9931	6013	5872	7238	3097
16	河南	15760	14824	936	11059	1431	6087	3541	2965	3803	2186
17	湖北	11146	10504	642	7476	1395	4725	1356	3241	3895	939
18	湖南	11583	10755	828	8117	1356	5020	1741	2706	3206	1551
19	广东	29457	28801	656	18809	3316	9111	6382	4593	5918	2898
20	广西	7597	7349	248	4852	1014	2566	1272	1206	1675	1330
21	海南	2042	1974	68	1207	216	657	334	451	729	196
22	重庆	10006	9442	564	5779	1119	3486	1174	2534	4659	624
23	四川	38109	35633	2476	25812	5107	14587	6118	4688	10279	6091
24	贵州	7518	6758	760	4916	1103	2525	1288	1013	967	1080
25	云南	8700	7887	813	5863	1024	2944	1895	1810	3275	949
26	西藏	246	228	18	110	31	69	10	62	49	23
27	陕西	11784	10371	1413	8131	1463	4463	2205	1951	3173	1537
28	甘肃	10257	9347	910	7257	1432	3670	2155	1333	1561	2077
29	青海	1315	1210	105	1013	246	446	321	299	462	164
30	宁夏	2418	2242	176	1520	326	723	471	557	945	187
31	新疆	4947	4674	273	3208	661	1915	632	1534	1719	416
32	行业归口	84050	76708	7342	58041	19227	23999	14815	4364	4956	12767

由表 4-7 可以看出，我国不同地区工程造价咨询企业从业人员分布差异较大，四川、广东、山东等地从业人员总数排前三位，高达 38109 人，四川、山东、广东等地专业技术人员总数排前三位，高达 25812 人。具体到高、中、初级职

称人员的数量，四川、江苏、广东等地拥有高级职称人员数量排前三位，四川、山东、江苏等地拥有中级职称人员总数排前三位。就期末注册（登记）执业（从业）人员数量而言，江苏、山东和浙江等地的企业中造价工程师总数排前三位，高达 7428 人，四川、江苏和浙江等地造价员总数排前三位，高达 10279 人。

二、2014～2016 年度从业人员结构总体情况概述

（一）从业人员总体情况

2014～2016 年末，工程造价咨询企业从业人员分别为 412591 人、414405 人、462216 人，分别比其上一年增长 23.3%、0.44%、11.5%。其中，正式聘用员工分别为 379154 人、381518 人、426730 人，分别占年末从业人员总数的 91.90%、92.06%、92.32%；临时聘用人员分别为 33437 人、32887 人、35486 人，分别占年末从业人员总数的 8.10%、7.94%、7.68%。

（二）注册造价工程师总体情况

2014～2016 年末，工程造价咨询企业中，拥有的注册造价工程师分别为 68959 人、73612 人、81088 人，占年末从业人员总数的 16.71%、17.76%、17.54%，分别比其上一年增长 5.06%、6.75%、10.2%；造价员分别为 104151 人、108624 人、110813 人，占年末从业人员总数的 25.24%、26.21%、23.97%，分别比其上一年增长 10.24%、4.29%、2.02%。

（三）专业技术人员总体情况

2014～2016 年末，工程造价咨询企业共有专业技术人员分别为 286928 人、282563 人、314749 人，占年末从业人员总数的 69.54%、68.18%、68.10%，分别比其上一年增长 22.83%、-1.52%、11.39%。其中，高级职称人员分别为 62745 人、59571 人、67869 人，占全部专业技术人员的比例分别为 21.87%、21.08%、21.56%，分别比其上一年增长 27.76%、-5.06%、13.93%。

三、2014 ~ 2016 年度从业人员构成统计情况对比分析

(一) 2014 ~ 2016 年度从业人员总体统计信息

工程造价咨询企业从业人员情况如表 4-8 所示。

工程造价咨询企业从业人员情况（单位：人）　　　　　　表 4-8

序号	年份	期末从业人员		
		合计	正式聘用人员	临时工作人员
1	2014 年	412591	379154	33437
2	2015 年	414405	381518	32887
3	2016 年	462216	426730	35486

注册（登记）执业（从业）人员情况如表 4-9 所示。

注册（登记）执业（从业）人员情况（单位：人）　　　　表 4-9

序号	年份	期末注册（登记）执业（从业）人员		
		注册造价工程师	造价员	期末其他专业注册执业人员
1	2014 年	68959	104151	71244
2	2015 年	73612	108624	51768
3	2016 年	81088	110813	57410

专业技术人员情况如表 4-10 所示。

专业技术人员职称情况（单位：人）　　　　　　表 4-10

序号	年份	期末专业技术人员			
		合计	高级职称人员	中级职称人员	初级职称人员
1	2014 年	286928	62745	146837	77346
2	2015 年	282563	59571	146194	76798
3	2016 年	314749	67869	161365	85515

其中，2014～2016年工程造价咨询企业从业人员数量统计变化如图4-8～图4-10所示。

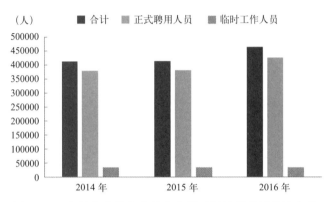

图4-8　工程造价咨询企业从业人员聘用情况数量统计变化

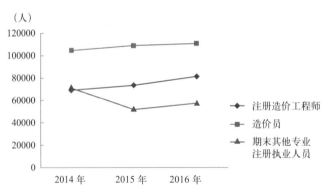

图4-9　工程造价咨询企业从业人员注册情况数量统计变化

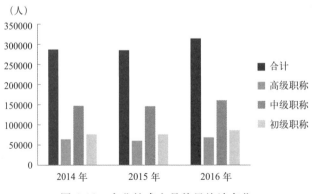

图4-10　专业技术人员数量统计变化

通过以上列表及图示信息可以看出：

（1）2014～2016年，我国工程造价咨询企业从业人员总数依然呈逐年上升态势，其中正式聘用员工的比例逐年上升，说明从业人员结构不断趋于优化，有利于企业管理和服务水平的提升。

（2）2014～2016年，我国工程造价咨询企业拥有注册造价工程师的规模逐年提高，一定程度上改善了行业技术人才的结构。相比而言，造价员依然占比较大，但其每年增长率开始减小，增幅收窄。

（3）2014～2016年，我国工程造价咨询企业拥有专业技术人员的规模总体呈上升趋势，但2015年出现了较小幅度的降低，为1.52%。相应地，高级职称人员的规模在经历了2015年小幅下降后，2016年呈现出一定程度的增长，占全部专业技术人员的比例基本不变，约为21%。中级职称人员依然占比最高，初级职称人员次之。因此，在当前工程造价咨询行业规模基本保持不变的情况下，应通过提高行业高端人才的比例结构，促进行业的稳定发展。

（二）2014～2016年度从业人员构成分地区统计信息

各地区从业人员情况如表4-11所示。

各地区期末从业人员情况（单位：人）　　　　　　　　表4-11

序号	省份	2014年		2015年				2016年			
		合计	其中正式聘用人员	合计	增长（%）	其中正式聘用人员	增长（%）	合计	增长（%）	其中正式聘用人员	增长（%）
0	合计	412591	379154	414405	0.44	381518	0.62	462216	11.54	426730	11.85
1	北京	21792	20496	18602	-14.64	17804	-13.13	21206	14.00	20022	12.46
2	天津	3643	3153	4164	14.30	3731	18.33	4962	19.16	4560	22.22
3	河北	12485	11319	12662	1.42	11678	3.17	13321	5.20	12025	2.97
4	山西	7176	6216	6837	-4.72	5806	-6.60	6519	-4.65	5445	-6.22
5	内蒙古	5504	4691	5623	2.16	4893	4.31	6699	19.14	5855	19.66
6	辽宁	6477	6255	6762	4.40	6471	3.45	7103	5.04	6749	4.30
7	吉林	4939	4620	5229	5.87	4686	1.43	5806	11.03	5240	11.82

序号	省份	2014 年		2015 年				2016 年			
		合计	其中正式聘用人员	合计	增长（%）	其中正式聘用人员	增长（%）	合计	增长（%）	其中正式聘用人员	增长（%）
8	黑龙江	4577	4221	4294	-6.18	3902	-7.56	5216	21.47	4540	16.35
9	上海	17220	14208	18427	7.01	15293	7.64	16490	-10.51	13923	-8.96
10	江苏	30750	28974	24806	-19.33	23437	-19.11	24009	-3.21	22812	-2.67
11	浙江	24896	23602	25719	3.31	24536	3.96	26941	4.75	25436	3.67
12	安徽	15164	12700	15265	0.67	13071	2.92	17466	14.42	15397	17.80
13	福建	11956	11325	11796	-1.34	11165	-1.41	16116	36.62	15251	36.60
14	江西	3880	3506	4017	3.53	3689	5.22	5969	48.59	5637	52.81
15	山东	23710	20933	24306	2.51	21700	3.66	27458	12.97	25131	15.81
16	河南	12236	11423	12965	5.96	12202	6.82	15760	21.56	14824	21.49
17	湖北	9441	8726	9948	5.37	9310	6.69	11146	12.04	10504	12.82
18	湖南	9511	8489	10176	6.99	9165	7.96	11583	13.83	10755	17.35
19	广东	25181	24569	28374	12.68	27087	10.25	29457	3.82	28801	6.33
20	广西	6534	6171	6795	3.99	6544	6.04	7597	11.80	7349	12.30
21	海南	1231	1204	1448	17.63	1398	16.11	2042	41.02	1974	41.20
22	重庆	10443	9417	8940	-14.39	8372	-11.10	10006	11.92	9442	12.78
23	四川	32185	30720	33229	3.24	31565	2.75	38109	14.69	35633	12.89
24	贵州	5261	5042	6655	26.50	6089	20.77	7518	12.97	6758	10.99
25	云南	5093	4651	7158	40.55	6658	43.15	8700	21.54	7887	18.46
26	西藏	—	—	—	—	—	—	246	—	228	
27	陕西	10278	8753	11512	12.01	9882	12.90	11784	2.36	10371	4.95
28	甘肃	7553	6616	8882	17.60	7931	19.88	10257	15.48	9347	17.85
29	青海	1020	867	1203	17.94	1053	21.45	1315	9.31	1210	14.91
30	宁夏	2334	2048	2486	6.51	2218	8.30	2418	-2.74	2242	1.08
31	新疆	4699	4363	4852	3.26	4510	3.37	4947	1.96	4674	3.64
32	行业归口	75422	69876	71273	-5.50	65672	-6.02	84050	17.93	76708	16.80

由表 4-11 可知，我国工程造价咨询行业具有明显的区域发展不平衡特点，工程造价咨询行业的执业（专业）人员更愿意在经济状况良好且具有区位优势的地区就业。2016 年，四川、广东、山东、浙江、江苏、北京地区的期末从业人员较多，西藏、青海和海南地区的期末从业人员较少。就各地区从业人员的变化情况而言，2014 ~ 2016 年，大部分地区的行业从业人员规模保持增长趋势，但增长幅度逐渐变小，如广东、陕西、新疆等；部分地区如江西、海南等，增长幅度依然越来越大，高达 48.59% 和 41.02%；上海在经历了 2015 年较大幅度增长后，2016 年出现了下降趋势，福建、黑龙江、北京、重庆等地在经历了 2015 年一定程度的下降趋势后，2016 年出现了不同程度的增长趋势。

各地区注册（登记）执业（从业）人员情况如表 4-12 所示。

各地区期末注册（登记）执业（从业）人员情况（单位：人）　　　表 4-12

序号	省份	2014 年		2015 年				2016 年			
		注册造价工程师	造价员	注册造价工程师	增长(%)	造价员	增长(%)	注册造价工程师	增长(%)	造价员	增长(%)
0	合计	68959	104151	73612	6.75	108624	4.29	81088	10.16	110813	2.02
1	北京	4167	6614	4512	8.28	7067	6.85	4979	10.35	7292	3.18
2	天津	524	1053	708	35.11	1291	22.60	679	-4.10	1147	-11.15
3	河北	2997	3931	2996	-0.03	3896	-0.89	3275	9.31	3837	-1.51
4	山西	1950	2745	1866	-4.31	2443	-11.00	1879	0.70	2285	-6.47
5	内蒙古	1781	2285	1851	3.93	2447	7.09	2152	16.26	2719	11.12
6	辽宁	2047	3143	2219	8.40	3271	4.07	2283	2.88	3155	-3.55
7	吉林	982	1670	1081	10.08	1689	1.14	1210	11.93	1875	11.01
8	黑龙江	1249	1681	1303	4.32	1713	1.90	1366	4.83	1964	14.65
9	上海	2597	2074	2685	3.39	2090	0.77	2938	9.42	2194	4.98
10	江苏	6354	9002	6772	6.58	9469	5.19	7428	9.69	9670	2.12
11	浙江	4239	7828	4460	5.21	8002	2.22	4816	7.98	7368	-7.92
12	安徽	2737	3985	3028	10.63	3970	-0.38	3291	8.69	4214	6.15
13	福建	1637	2011	1756	7.27	2198	9.30	2171	23.63	2396	9.01

序号	省份	2014 年		2015 年				2016 年			
		注册造价工程师	造价员	注册造价工程师	增长(%)	造价员	增长(%)	注册造价工程师	增长(%)	造价员	增长(%)
14	江西	1078	1612	1211	12.34	1937	20.16	1442	19.08	2188	12.96
15	山东	5181	6836	5287	2.05	6759	-1.13	5872	11.06	7238	7.09
16	河南	2578	3462	2666	3.41	3568	3.06	2965	11.22	3803	6.59
17	湖北	2872	3870	3044	5.99	4001	3.39	3241	6.47	3895	-2.65
18	湖南	2332	2893	2504	7.38	3009	4.01	2706	8.07	3206	6.55
19	广东	3945	5790	4224	7.07	6165	6.48	4593	8.74	5918	-4.01
20	广西	984	1541	1053	7.01	1656	7.46	1206	14.53	1675	1.15
21	海南	279	502	366	31.18	573	14.14	451	23.22	729	27.23
22	重庆	2141	3569	2327	8.69	4359	22.14	2534	8.90	4659	6.88
23	四川	3870	9574	4246	9.72	10406	8.69	4688	10.41	10279	-1.22
24	贵州	884	705	935	5.77	891	26.38	1013	8.34	967	8.53
25	云南	1137	3419	1554	36.68	3161	-7.55	1810	16.47	3275	3.61
26	西藏	—	—	—	—	—	—	62	—	49	—
27	陕西	1530	2821	1756	14.77	3093	9.64	1951	11.10	3173	2.59
28	甘肃	970	1277	1014	4.54	1332	4.31	1333	31.46	1561	17.19
29	青海	238	582	274	15.13	506	-13.06	299	9.12	462	-8.70
30	宁夏	438	863	506	15.53	953	10.43	557	10.08	945	-0.84
31	新疆	1261	1533	1352	7.22	1665	8.61	1534	13.46	1719	3.24
32	行业归口	3980	5280	4056	1.91	5044	-4.47	4364	7.59	4956	-1.74

不同地区注册造价工程师数量统计变化的柱状分析如图 4-11 所示。

由表 4-12 和图 4-11 可以看出，受限于我国各地经济发展状况以及对于工程造价专业人才需求的不同，经济发展较好地区造价工程师和造价员的数量处于较高水平。2014 ～ 2016 年，江苏、山东、北京等地造价工程师和造价员等从业人员数量均处在全国领先地位，且大部分地区造价工程师和造价员的变化

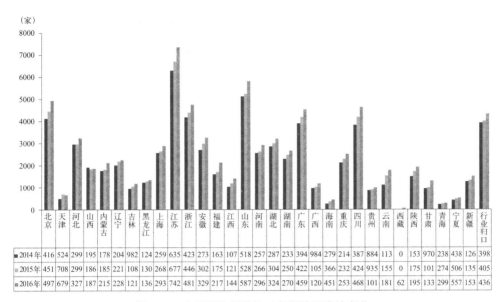

	北京	天津	河北	山西	内蒙古	辽宁	吉林	黑龙江	上海	江苏	浙江	安徽	福建	江西	山东	河南	湖北	湖南	广东	广西	海南	重庆	四川	贵州	云南	西藏	陕西	甘肃	青海	宁夏	新疆	行业归口
■2014年	416	524	299	195	178	204	982	124	259	635	423	273	163	107	518	257	287	233	394	984	279	214	387	884	113	0	153	970	238	438	126	398
▨2015年	451	708	299	186	185	221	108	130	268	677	446	302	175	121	528	266	304	250	422	105	366	232	424	935	155	0	175	101	274	506	135	405
▨2016年	497	679	327	187	215	228	121	136	293	742	481	329	217	144	587	296	324	270	459	120	451	253	468	101	181	62	195	133	299	557	557	436

图 4-11　各地区注册造价工程师数量统计变化

幅度较为稳定，仅天津、山西、河北等几个地区出现不同程度的波动。如天津造价工程师和造价员数量在经历了 2015 年 35.11% 和 22.60% 的大幅增长后，2016 年又呈现下降趋势。一定程度上说明了这些地区造价行业的造价师和造价员的市场容量经历着不同程度和方向的扩容后趋于饱和，变化的结果将是达到与市场相适应的另一种新的均衡。

第三节　市场集中度分析

一、2014～2016 年度市场规模总体情况概述

（一）业务收入总体情况

2016 年，工程造价咨询企业的营业收入为 1203.76 亿元，其中工程造价咨询业务收入 595.72 亿元，占 47.65%；招标代理业务收入 130.33 亿元；建设工程监理业务 247.95 亿元；项目管理业务收入 134.17 亿元；工程咨询业务收入 95.59 亿元。

2014 ～ 2016 年，我国工程造价咨询企业的营业收入分别为 1064.19 亿元、1075.86 亿元、1203.76 亿元，比其上一年分别增长 6.91%、1.10%、11.89%。其中，工程造价咨询业务收入分别为 479.25 亿元、512.74 亿元、595.72 亿元，所占比例分别为 45.03%、47.66%、49.49%，比其上一年分别增长 14.23%、6.99%、16.18%。

（二）企业盈利总体情况

根据上报资料统计，2016 年工程造价咨询企业实现利润总额为 182.29 亿元，上缴所得税合计为 39.12 亿元。

2014 ～ 2016 年，我国上报的工程造价咨询企业实现的利润总额分别为 103.88 亿元、103.61 亿元、182.29 亿元，分别比其上一年增长为 25.45%、−0.26%、75.94%。

以上数据说明，2014 ～ 2016 年，我国工程造价咨询行业市场规模逐年增长，行业处于发展阶段。这些工程造价咨询企业的营业收入和工程造价咨询业务收入增速在经历了 2015 年的收窄后，2016 年增速又得到回升。同样，2014 ～ 2016 年我国工程造价咨询企业实现利润总额总体来说依然呈上升趋势，虽然经历了 2015 年较大幅度的下降，但 2016 年我国工程造价咨询企业的利润总额增长高达 75%，一定程度上说明了我国工程造价咨询企业总数和从业人员数量越来越大，行业竞争愈发激烈的同时工程造价咨询企业仍能获得较大收益。

二、2016 年市场集中度分析

市场集中度是对某行业市场结构集中程度的测量指标，用以衡量该行业内企业的数目和相对规模的差异，是行业市场势力的重要量化指标。市场绝对集中度（CR_n）是指某行业相关市场内前 N 家企业所占市场份额的总和，一般用这 N 家企业的某一业务指标（如生产、销售或资产等）占该行业该业务总量的百分比来表示。

据统计，2016 年，排名前百位工程造价咨询企业业务收入合计约为 104.96 亿元，同比增长 4.02%。收入排名第 1 位的企业工程造价咨询业务的收入约为

3.20 亿元，比上年排名第 1 位的企业同类业务收入减少约 6.20%，收入排名第 100 位的企业工程造价咨询业务的收入为 5865.76 万元，比上年排名第 100 位的企业同类业务收入增长约 2.56%。

根据我国 2016 年度业务收入前 100 名企业工程造价咨询业务收入计算其市场份额占有比率，如表 4-13 所示。

2016 年工程造价咨询企业造价咨询业务收入前 100 名市场份额排序表　　表 4-13

排名	企业名称	资质等级	工程造价咨询业务收入（万元）	占全国总工程造价咨询业务收入比率（%）
1	信永中和（北京）国际工程管理咨询有限公司	甲级	31978.64	0.537
2	上海东方投资监理有限公司	甲级	30566.79	0.513
3	北京泛华国金工程咨询有限公司	甲级	25312.7	0.425
4	万邦工程管理咨询有限公司	甲级	24305.82	0.408
5	天职（北京）国际工程项目管理有限公司	甲级	23336.3	0.392
6	中竞发（北京）工程造价咨询有限公司	甲级	21843.68	0.367
7	上海第一测量师事务所有限公司	甲级	19120.12	0.321
8	上海沪港建设咨询有限公司	甲级	19024	0.319
9	华诚博远工程咨询有限公司	甲级	18841.58	0.316
10	昆明华昆工程造价咨询有限公司	甲级	17549.88	0.295
11	中大信（北京）工程造价咨询有限公司	甲级	16752	0.281
12	天健工程咨询有限公司	甲级	16605.14	0.279
13	广州建成工程咨询股份有限公司	甲级	16082	0.270
14	北京中天恒达工程咨询有限责任公司	甲级	15720.84	0.264
15	中联造价咨询有限公司	甲级	15210.55	0.255
16	北京中瑞岳华工程造价咨询有限公司	甲级	14834.55	0.249
17	北京思泰工程咨询有限公司	甲级	14483.76	0.243
18	四川开元工程项目管理咨询有限公司	甲级	14297.4	0.240
19	北京兴中海建工程造价咨询有限公司	甲级	12945.75	0.217
20	上海中世建设咨询有限公司	甲级	12869	0.216

续表

排名	企业名称	资质等级	工程造价咨询业务收入（万元）	占全国总工程造价咨询业务收入比率（%）
21	万隆建设工程咨询集团有限公司	甲级	12512.75	0.210
22	北京公正鑫业工程造价咨询有限公司	甲级	12503.98	0.210
23	上海申元工程投资咨询有限公司	甲级	12328.3	0.207
24	四川华信工程造价咨询事务所有限责任公司	甲级	12207.46	0.205
25	浙江科佳工程咨询有限公司	甲级	11979	0.201
26	中审华国际工程咨询（北京）有限公司	甲级	11594.54	0.195
27	北京恒诚信工程咨询有限公司	甲级	11559	0.194
28	江苏正中国际工程咨询有限公司	甲级	11526.41	0.193
29	中煤科工集团北京华宇工程有限公司	甲级	11272	0.189
30	陕西鸿英工程造价咨询有限公司	甲级	11141.39	0.187
31	北京中建华投资顾问有限公司	甲级	11080.25	0.186
32	华春建设工程项目管理有限责任公司	甲级	11036.98	0.185
33	北京筑标建设工程咨询有限公司	甲级	10990.97	0.184
34	北京永拓工程咨询股份有限公司	甲级	10493.22	0.176
35	广东华联建设投资管理股份有限公司	甲级	10226.85	0.172
36	江苏苏亚金诚工程管理咨询有限公司	甲级	10219.15	0.172
37	上海大华工程造价咨询有限公司	甲级	10125	0.170
38	浙江天平投资咨询有限公司	甲级	10108.75	0.170
39	建经投资咨询有限公司	甲级	10058	0.169
40	浙江科信联合工程项目管理咨询有限公司	甲级	10056	0.169
41	北京华审金建工程造价咨询有限公司	甲级	9897	0.166
42	中审世纪工程造价咨询（北京）有限公司	甲级	9895.85	0.166
43	上海正弘建设工程顾问有限公司	甲级	9887.16	0.166
44	北京东方华太工程咨询有限公司	甲级	9820	0.165
45	北京京园诚得信工程管理有限公司	甲级	9652	0.162
46	上海财瑞建设管理有限公司	甲级	9542.1	0.160
47	江苏天宏华信工程投资管理咨询有限公司	甲级	9513.52	0.160

续表

排名	企业名称	资质等级	工程造价咨询业务收入（万元）	占全国总工程造价咨询业务收入比率（%）
48	江苏兴光项目管理有限公司	甲级	9470.78	0.159
49	云南云岭工程造价咨询事务所有限公司	甲级	9462.74	0.159
50	江苏捷宏工程咨询有限责任公司	甲级	9192.66	0.154
51	中铁工程设计咨询集团有限公司	甲级	8814	0.148
52	中诚工程建设管理（苏州）股份有限公司	甲级	8631.6	0.145
53	四川同兴达建设咨询有限公司	甲级	8574.83	0.144
54	华审（北京）工程造价咨询有限公司	甲级	8508.12	0.143
55	中正信造价咨询有限公司	甲级	8441.09	0.142
56	北京威宁谢工程咨询有限公司	甲级	8436	0.142
57	希格玛工程造价咨询有限公司	甲级	8350.14	0.140
58	北京中昌工程咨询有限公司	甲级	8132.17	0.137
59	中博信工程造价咨询（北京）有限公司	甲级	8000.84	0.134
60	宁波德威工程造价投资咨询有限公司	甲级	7826.04	0.131
61	北京天健中宇工程咨询有限公司	甲级	7693.77	0.129
62	上海文汇工程咨询有限公司	甲级	7609.33	0.128
63	四川华通建设工程造价管理有限责任公司	甲级	7450	0.125
64	中冠工程管理咨询有限公司	甲级	7415.52	0.124
65	天津市兴业工程造价咨询有限责任公司	甲级	7376.79	0.124
66	浙江金诚工程造价咨询事务所有限公司	甲级	7325.74	0.123
67	江苏立信建设工程造价咨询有限公司	甲级	7142.26	0.120
68	建银造价咨询有限责任公司	甲级	7116.93	0.119
69	广州市新誉工程咨询有限公司	甲级	7098.42	0.119
70	上海立信工程咨询有限公司	甲级	7059.95	0.119
71	北京中证天通工程造价咨询有限公司	甲级	7040.54	0.118
72	北京求实工程管理有限公司	甲级	7016.39	0.118
73	深圳市中建达工程项目管理有限公司	甲级	6913	0.116
74	中德华建（北京）国际工程技术有限公司	甲级	6863.03	0.115

续表

排名	企业名称	资质等级	工程造价咨询业务收入（万元）	占全国总工程造价咨询业务收入比率（%）
75	中瑞工程项目管理（北京）有限公司	甲级	6859.52	0.115
76	北京建友工程造价咨询有限公司	甲级	6714.95	0.113
77	吉林诚信工程建设咨询有限公司	甲级	6687	0.112
78	中冶赛迪工程技术股份有限公司	甲级	6669.97	0.112
79	陕西正衡工程项目管理有限公司	甲级	6658	0.112
80	浙江华夏工程管理有限公司	甲级	6619.89	0.111
81	北京国信鑫业工程咨询有限责任公司	甲级	6551.3	0.110
82	四川省名扬建设工程管理有限公司	甲级	6548.31	0.110
83	四川明华建设项目管理咨询有限责任公司	甲级	6541.86	0.110
84	四川大家工程项目管理有限公司	甲级	6526.09	0.110
85	浙江大地工程咨询管理有限公司	甲级	6375.79	0.107
86	中铁二院工程集团有限责任公司	甲级	6322	0.106
87	山东新联谊工程造价咨询有限公司	甲级	6292.92	0.106
88	浙江同方工程管理咨询有限公司	甲级	6237.55	0.105
89	四川正则工程咨询股份有限公司	甲级	6197.86	0.104
90	四川成化工程项目管理有限公司	甲级	6184.33	0.104
91	陕西万隆金剑工程管理咨询有限公司	甲级	6110.72	0.103
92	四川良友建设咨询有限公司	甲级	6105.69	0.102
93	华寅工程造价咨询有限公司	乙级	6027.22	0.101
94	中汇工程咨询有限公司	甲级	6015.1	0.101
95	北京德基工程咨询有限责任公司	甲级	5996.18	0.101
96	上海百通项目管理咨询有限公司	甲级	5938.66	0.100
97	北京金马威工程咨询有限公司	甲级	5931.8	0.100
98	云南云达工程造价咨询有限公司	甲级	5909.09	0.099
99	中磊工程造价咨询有限责任公司	甲级	5904	0.099
100	广州翔实工程咨询有限公司	甲级	5865.76	0.098

通过对表 4-13 中前百名企业市场份额占有率的进一步计算，2016 年我国工程造价咨询企业中工程造价咨询业务收入排名前 5、前 10、前 30、前 50、前 100 的企业行业市场集中度分别为 2.275%、3.892%、8.398%、11.768%、17.620%，说明工程造价咨询行业绝大多数企业规模依然较小，业务提供较为分散。由于工程造价咨询专业横向跨度大，且不同专业分属不同主管部门，各专业一般都有自己特定的标准定额和技术规范体系，加之一些行业还存在较严重的行业市场保护，工程造价咨询企业难以涉足不同行业的工程造价咨询市场，导致工程造价咨询行业市场集中度偏低。

三、2014 ~ 2016 年度市场集中度对比分析

（一）2014 ~ 2016 年度市场集中度总体对比分析

据统计，2014 ~ 2016 年度我国造价工程咨询行业业务收入排名前百位的企业工程造价咨询业务收入合计分别为 100.15 亿元、100.90 亿元、104.96 亿元，比其上一年分别增长 18.23%、0.75%、4.02%。同时，根据 2014 ~ 2016 年度业务收入前 100 名企业市场份额统计信息，计算出 2014 ~ 2016 年度我国工程造价咨询行业前 5、前 10、前 30、前 50 及前 100 名工程造价咨询企业造价咨询业务的市场集中度如表 4-14 和图 4-12 所示。

2014 ~ 2016 年度不同排名工程造价咨询企业市场集中度计算表　　　表 4-14

序号	年份	市场集中度				
		CR_5 (%)	CR_{10} (%)	CR_{30} (%)	CR_{50} (%)	CR_{100} (%)
1	2014 年	2.710	4.673	10.283	14.015	20.898
2	2015 年	2.603	4.341	9.249	12.782	19.501
3	2016 年	2.275	3.892	8.398	11.768	17.620

根据我国工程造价咨询行业前 5、前 10、前 30、前 50 及前 100 名工程造价咨询企业造价咨询业务的市场集中度数据信息来看，2014 ~ 2016 年总体均

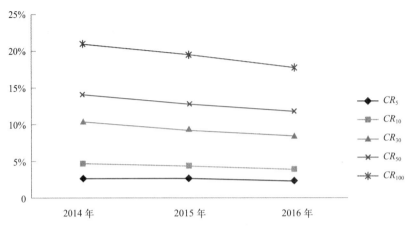

图 4-12　2014～2016 年度不同排名工程造价咨询企业市场集中度

呈现下降趋势。其中，近三年来 CR_5、CR_{10} 不断降低，排名前 5 的企业市场集中度分别为 2.710%、2.603%、2.275%，排名前 10 的企业市场集中度分别为 4.673%、4.341%、3.892%。

工程造价咨询行业市场集中度的降低趋势一定程度上说明了虽然我国工程造价咨询行业市场规模依然在逐年增长，但随着增长幅度下降，导致工程造价咨询业务市场集中度无法真正得到提高，甚至出现下降趋势。行业内绝大多数企业规模依然较小，行业服务的提供无法集中。未来几年，随着市场化的进一步提高，各企业为了争取更大的市场份额，势必加剧彼此之间的竞争，优胜劣汰的结果将会促进大型咨询企业的发展，从而提高工程造价咨询业务的市场集中度及业务服务效率。同时，诸多行业管理标准及规范的出台，对企业的硬件和软件提出更高的要求，促使更多企业更加注重提升自身实力，进而促进行业整体水平的提升。

（二）2014～2016 年度市场集中度分区域对比分析

根据 2014～2016 年我国工程造价咨询企业造价咨询业务收入前 100 名市场份额排序表，按照其不同归口管理的行业或地区，分别计算出不同区域或行业的市场集中度，具体信息如表 4-15 和图 4-13 所示。

表 4-15

2014 ～ 2016 年度不同区域工程造价咨询企业市场集中度

序号	年份	华北 (%)	东北 (%)	华东 (%)	华中 (%)	华南 (%)	西南 (%)	西北 (%)	行业 (%)
1	2014 年	5.998	0.858	5.277	0.117	1.586	1.107	0.572	5.383
2	2015 年	7.086	0.194	5.670	0	1.318	1.422	0.928	2.959
3	2016 年	6.124	0.112	5.899	0	0.917	1.907	0.727	1.936

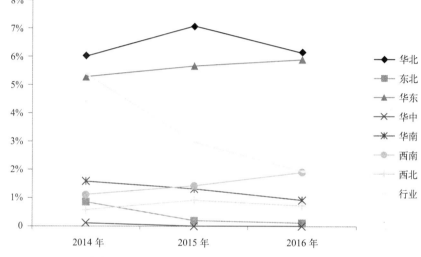

图 4-13　不同区域工程造价咨询企业市场集中度

根据我国工程造价咨询行业 2014 ～ 2016 年不同区域前 100 名工程造价咨询企业造价咨询业务的市场集中度数据信息来看，基于不同区域经济社会发展情况及行业市场规模的差异，工程造价咨询企业市场集中度的变化情况各不相同。2014 ～ 2016 年，华东和西南地区呈现逐年上升的趋势；东北和华南地区呈现逐年下降的趋势，比如 2016 年的东北地区已低至 0.112%；华北和西北地区在经历了 2015 年一定程度的上升后，2016 年却出现下降的趋势。另外，三年来，华中地区前 100 名工程造价咨询企业的工程造价咨询业务市场集中度已由 2014 的 0.117% 下降至 2016 年的无占有率。

第五章

行业收入统计分析①

第一节　营业收入统计分析

一、整体营业收入统计分析

（一）2016 年整体营业收入基本情况

2014 ～ 2016 年整体营业收入区域汇总情况如表 5-1 所示，根据表 5-1 中 2016 年整体营业收入的相关数据绘制出 2016 年整体营业收入基本情况图，如图 5-1 所示。

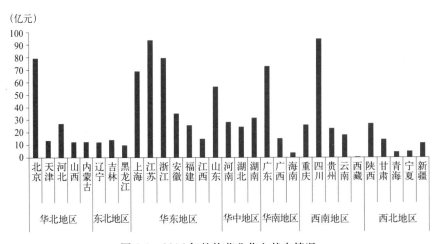

图 5-1　2016 年整体营业收入基本情况

---

① 本章数据来源于 2016 年工程造价咨询统计资料汇编。

1. 总体情况

2016 年工程造价咨询企业整体营业收入为 1203.76 亿元，整体营业收入排名前三的分别为四川 94.82 亿元，江苏 93.71 亿元，浙江 79.52 亿元，整体营业收入排名后三的是青海 4.53 亿元，海南 3.94 亿元，西藏 0.65 亿元。

2. 区域情况

根据图 5-1 可直观看出工程造价咨询行业在各地区间发展不均衡，北京整体营业收入较华北地区其他省份偏高，为 79.29 亿元；江苏整体营业收入比华东地区其他省份如福建、江西高出较多，为 93.71 亿元；广东整体营业收入与华南地区其他省相比偏高，为 73.00 亿元；四川整体营业收入与西南地区其他省份相比偏高，为 94.82 亿元。这些地区整体营业收入在相应区域相对突出的原因大致有两方面：第一，2014 ～ 2016 年，北京、江苏、广东、四川全社会固定资产投资较相应区域其他地区偏高，且逐年增长，为工程造价咨询行业发展提供了更大的市场空间；第二，北京、江苏、广东、四川都颁布了工程造价咨询行业自律公约，制定并不断完善了工程造价咨询行业自律公约实施细则，促进了工程造价咨询行业的快速发展。

（二）2014 ～ 2016 年整体营业收入区域变化情况

2014 ～ 2016 年整体营业收入区域变化情况如表 5-1 所示。

2014 ～ 2016 年整体营业收入区域汇总表（单位：亿元）　　　　表 5-1

区域	省份	2014 年			2015 年			2016 年		
		工程造价咨询业务收入	其他业务收入	整体营业收入	工程造价咨询业务收入	其他业务收入	整体营业收入	工程造价咨询业务收入	其他业务收入	整体营业收入
合计		479.25	584.94	1064.19	512.74	563.12	1075.86	595.72	608.04	1203.76
华北地区	北京	52.45	14.98	67.43	59.23	14.31	73.54	65.61	13.67	79.29
	天津	6.22	6.15	12.37	7.71	6.68	14.39	5.99	7.70	13.70
	河北	10.74	10.26	21.00	11.54	10.35	21.89	14.55	12.47	27.02
	山西	8.96	4.11	13.08	8.43	3.00	11.43	9.11	3.41	12.52
	内蒙古	6.14	1.48	7.63	6.30	1.93	8.23	9.64	3.02	12.66

续表

区域	省份	2014 年			2015 年			2016 年		
		工程造价咨询业务收入	其他业务收入	整体营业收入	工程造价咨询业务收入	其他业务收入	整体营业收入	工程造价咨询业务收入	其他业务收入	整体营业收入
东北地区	辽宁	10.86	3.57	14.43	11.11	2.13	13.24	10.05	2.27	12.32
	吉林	7.02	4.31	11.33	5.35	6.86	12.21	9.32	4.84	14.15
	黑龙江	6.52	1.02	7.54	6.58	0.97	7.55	7.99	1.91	9.90
华东地区	上海	32.55	26.53	59.08	34.34	26.98	61.32	37.97	30.97	68.95
	江苏	44.29	32.97	77.26	48.51	34.09	82.60	54.72	38.99	93.71
	浙江	32.54	25.35	57.89	36.54	26.50	63.04	46.03	33.48	79.52
	安徽	11.67	14.22	25.89	13.15	14.54	27.69	16.07	19.04	35.11
	福建	7.54	13.33	20.87	8.27	13.97	22.24	9.68	16.10	25.78
	江西	4.46	8.06	12.53	5.34	7.19	12.53	6.61	8.43	15.03
	山东	23.62	20.94	44.56	23.56	21.02	44.58	31.33	25.38	56.71
华中地区	河南	9.84	8.72	18.56	11.50	11.84	23.34	13.94	14.48	28.42
	湖北	13.19	6.83	20.02	15.26	6.08	21.34	18.59	5.92	24.51
	湖南	12.91	7.12	20.03	13.20	9.91	23.11	17.33	14.37	31.70
华南地区	广东	27.68	30.63	58.31	33.62	33.78	67.40	36.53	36.47	73.00
	广西	6.67	6.60	13.27	5.25	7.11	12.36	6.43	8.93	15.36
	海南	2.71	0.52	3.23	2.55	0.70	3.25	2.86	1.08	3.94
西南地区	重庆	16.29	6.30	22.60	18.21	6.99	25.20	20.44	5.70	26.14
	四川	31.42	33.33	64.75	35.65	43.34	78.99	41.63	53.19	94.82
	贵州	4.31	8.08	12.39	5.23	6.62	11.85	7.66	15.64	23.30
	云南	10.67	2.78	13.45	13.47	2.31	15.78	14.91	3.22	18.13
	西藏							0.40	0.24	0.65
西北地区	陕西	10.30	9.78	20.08	11.89	11.10	22.99	13.75	13.43	27.18
	甘肃	3.24	6.76	10.00	3.83	7.41	11.24	4.67	9.83	14.50
	青海	1.51	1.83	3.34	1.58	1.92	3.50	1.84	2.70	4.53
	宁夏	3.57	1.25	4.83	3.72	1.46	5.18	3.75	1.36	5.11
	新疆	6.87	3.60	10.47	7.01	3.41	10.42	8.25	3.45	11.70
行业归口		52.46	263.54	315.99	44.81	218.59	263.40	48.08	196.35	244.43

　　根据表5-1可进行下述统计分析：分别计算2014～2016年我国华北、华中、华东、华南、东北、西北、西南地区各省工程造价咨询企业营业收入的平均值，以此衡量各年华北、华中、华东、华南、东北、西北、西南地区行业营业收入的平均水平；以平均值为基础计算华北、华中、华东、华南、东北、西北、西南地区各年行业营业收入的增长率，以此反映2014～2016年我国华北、华中、华东、华南、东北、西北、西南地区行业营业收入的纵向变化趋势；用各年华北、华中、华东、华南、东北、西北、西南地区各省行业营业收入的标准差除以平均值，得到行业营业收入的标准差系数，以此对比2014～2016年我国华北、华中、华东、华南、东北、西北、西南地区内部各省市行业营业收入的差异水平，具体统计结果如表5-2所示。为更直观地对比近年来我国华北、华中、华东、华南、东北、西北、西南地区工程造价咨询企业营业收入的平均水平、纵向变化及内部差异，将上述统计结果分别反映于图5-2～图5-4中。

2014～2016年我国各区域营业收入统计结果　　　　　表5-2

年份		2014 年	2015 年	2016 年
指标	区域			
整体营业收入平均值（亿元）	华北地区	24.30	25.90	29.04
	东北地区	11.10	11.00	12.12
	华东地区	42.58	44.86	53.54
	华中地区	19.54	22.60	28.21
	华南地区	24.94	27.67	30.77
	西南地区	28.30	32.96	53.54
	西北地区	9.74	10.67	12.60
整体营业收入年增长率（%）	华北地区		6.56	12.13
	东北地区		-0.90	10.21
	华东地区		5.34	19.37
	华中地区		15.66	24.84
	华南地区		10.96	11.19
	西南地区		16.46	-1.05
	西北地区		9.46	18.17

续表

年份		2014 年	2015 年	2016 年
指标	区域			
营业收入标准差系数	华北地区	1.01	1.05	0.99
	东北地区	0.31	0.28	0.18
	华东地区	0.56	0.57	0.55
	华中地区	0.04	0.05	0.13
	华南地区	1.18	1.25	1.20
	西南地区	0.87	0.95	1.11
	西北地区	0.67	0.72	0.73

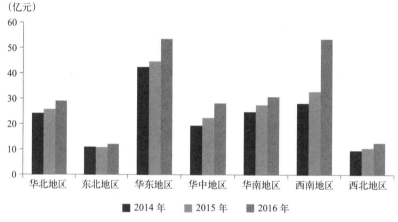

图 5-2　各区域平均整体营业收入

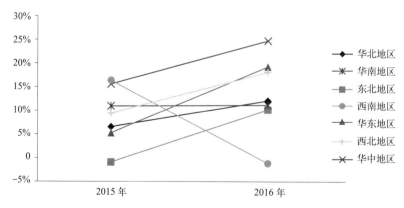

图 5-3　各区域营业收入年增长率变化（以 2014 年为基数）

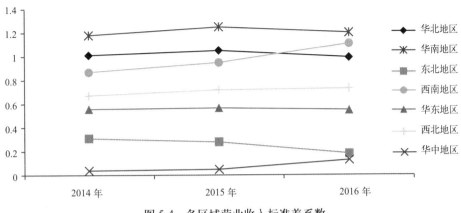

图 5-4　各区域营业收入标准差系数

通过上述统计结果及图示信息可知：

（1）2014～2016 年工程造价咨询行业在华东和西南地区发展较好，在东北和西北地区发展较差，这与相应区域建筑业发展和社会经济发展状况紧密相关。华东和西南地区资源禀赋优越，建设需求大，为工程造价咨询行业快速发展提供了充分的市场；东北和西北地区社会经济发展相对滞后，建筑业发展不繁荣，工程造价咨询行业市场受到限制。

（2）2014～2016 年工程造价咨询行业整体营业收入在各地区大体呈增长态势，除西南地区外，华北地区、东北地区、华东地区、华中地区、华南地区、西北地区增长较快，尤其是西北地区由 2015 年 0.90% 的负增长率增加到 2016 年 10.21% 的正增长率。

（3）2014～2016 年工程造价咨询行业整体营业收入平均增速在华中地区最高，2015 年增长率为 15.66%，2016 年增长率为 24.84%，这说明我国新型城镇化建设、精准扶贫开发、"一带一路"建设等政策的颁布为工程造价咨询行业在华中地区的快速发展提供了广阔的市场。

（4）2014～2016 年华北、华南和西南地区标准差系数较大，在 1.0 左右，华中地区标准差系数最小。这说明我国工程造价咨询企业营业收入在华北、华南和西南地区分布不均匀，且这种不均衡并没有显著缩小的趋势。

（三）2014～2016年平均指标变化情况

1.企业平均营业收入变化分析

2014～2016年工程造价咨询企业平均营业收入的变化情况如表5-3和图5-5所示。

2014～2016年企业平均营业收入变化情况　表5-3

区域	省份	企业平均营业收入（万元/家）					
		2014年	2015年	增长率（%）	2016年	增长率（%）	平均增长（%）
	合计	1535.41	1513.80	-1.41	1656.93	9.46	4.02
华北地区	北京	2470.10	2580.35	4.46	2687.80	4.16	4.31
	天津	2811.95	2524.56	-10.22	2634.62	4.36	-2.93
	河北	591.54	647.63	9.48	776.44	19.89	14.68
	山西	554.04	514.86	-7.07	616.75	19.79	6.36
	内蒙古	328.67	338.68	3.05	475.94	40.53	21.79
	区域平均	1351.26	1321.22	-2.22	1438.31	17.75	8.84
东北地区	辽宁	570.46	515.18	-9.69	473.85	-8.02	-8.86
	吉林	891.84	884.78	-0.79	982.64	11.06	5.14
	黑龙江	451.57	436.42	-3.36	512.95	17.54	7.09
	区域平均	637.96	612.12	-4.05	656.48	6.86	1.12
华东地区	上海	3991.71	4088.00	2.41	4506.54	10.24	6.32
	江苏	1341.33	1390.57	3.67	1496.96	7.65	5.66
	浙江	1507.43	1641.67	8.90	2013.16	22.63	15.76
	安徽	794.21	814.41	2.54	980.73	20.42	11.48
	福建	1656.39	1672.18	0.95	1408.74	-15.75	-7.40
	江西	894.71	846.62	-5.37	884.12	4.43	-0.47
	山东	765.64	775.30	1.26	937.36	20.90	11.08
	区域平均	1564.49	1604.11	2.53	1746.80	10.07	6.06

续表

区域	省份	企业平均营业收入（万元／家）					
		2014 年	2015 年	增长率（%）	2016 年	增长率（%）	平均增长（%）
华中地区	河南	606.63	788.51	29.98	925.73	17.40	23.69
	湖北	614.00	648.63	5.64	738.25	13.82	9.73
	湖南	750.05	859.11	14.54	1124.11	30.85	22.69
	区域平均	656.90	765.42	16.52	929.37	20.69	18.70
华南地区	广东	1690.26	1867.04	10.46	1931.22	3.44	6.95
	广西	1228.42	1113.51	−9.35	1335.65	19.95	5.30
	海南	1076.50	812.50	−24.52	788.00	−3.02	−13.77
	区域平均	1331.73	1264.35	−5.06	1351.62	6.79	−0.51
西南地区	重庆	1113.08	1150.68	3.38	1126.72	−2.08	0.65
	四川	1699.45	1969.83	15.91	2295.88	16.55	16.23
	贵州	1346.40	1274.19	−5.36	2306.93	81.05	37.85
	云南	1003.99	968.10	−3.57	959.26	−0.91	−2.24
	西藏				722.22		
	区域平均	1290.73	1340.70	3.87	1482.20	23.65	13.12
西北地区	陕西	1254.97	1368.45	9.04	1627.54	18.93	13.99
	甘肃	768.86	838.81	9.10	847.95	1.09	5.10
	青海	796.21	777.78	−2.32	963.83	23.92	10.80
	宁夏	1026.77	996.15	−2.98	929.09	−6.73	−4.86
	新疆	684.56	667.95	−2.43	704.82	5.52	1.54
	区域平均	906.27	929.83	2.60	1014.65	8.55	5.31
行业归口		13277.08	11304.72	−14.86	10184.58	−9.91	−12.38

（1）总体变化情况

2014 ～ 2016 年企业平均营业收入大体呈增长态势，但增长幅度不大，平均增长率为 4.03%，其中：2015 年增长率为 −1.41%，2016 年增长率为 9.46%。

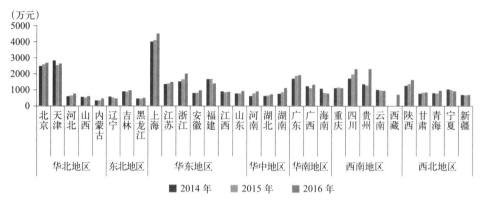

图 5-5　2014 ～ 2016 年各区域企业平均营业收入

（2）区域变化情况

从图 5-5 可直观看出，2014 ～ 2016 年企业平均营业收入在华东和西南地区较高；华北地区，天津和北京企业平均营业收入较高；东北地区各省份企业平均营业收入大体呈先减少后增长的态势；华东地区大体呈增长态势，其中：上海企业平均营业收入较高，山东变化幅度最大，增长率由 2015 年的 1.26% 增加到 2016 年的 20.90%；华中地区大体呈增长态势，且增速加快；西南地区的西藏自治区企业营业平均收入最低，为 722.22 万元/家。

2. 人均业务收入变化分析

2014 ～ 2016 年工程造价咨询服务从业人员的人均营业收入变化情况如表 5-4 及图 5-6 所示。

2014 ～ 2016 各区域从业人员人均营业收入变化情况　　　　　表 5-4

区域	省份	人均营业收入（万元/人）					
		2014 年	2015 年	增长率(%)	2016 年	增长率(%)	平均增长(%)
	合计	25.79	25.96	0.66	26.04	0.32	0.49
华北地区	北京	30.94	39.53	27.76	37.39	−5.41	11.17
	天津	33.96	34.56	1.75	27.61	−20.11	−9.18
	河北	16.82	17.29	2.78	20.28	17.31	10.05
	山西	18.22	16.72	−8.25	19.21	14.86	3.31

续表

区域	省份	人均营业收入（万元/人）					
		2014 年	2015 年	增长率（%）	2016 年	增长率（%）	平均增长（%）
华北地区	内蒙古	13.85	14.64	5.65	18.90	29.09	17.37
	区域平均	22.76	24.55	7.85	24.68	7.15	6.54
东北地区	辽宁	22.28	19.58	−12.13	17.34	−11.42	−11.77
	吉林	22.93	23.35	1.82	24.37	4.37	3.10
	黑龙江	16.48	17.58	6.71	18.98	7.96	7.34
	区域平均	20.56	20.17	−1.91	20.23	0.31	−0.45
华东地区	上海	34.31	33.28	−3.00	41.81	25.64	11.32
	江苏	25.13	33.30	32.53	39.03	17.21	24.87
	浙江	23.25	24.51	5.42	29.52	20.43	12.92
	安徽	17.07	18.14	6.24	20.10	10.82	8.53
	福建	17.46	18.85	8.01	16.00	−15.14	−3.56
	江西	32.28	31.19	−3.38	25.18	−19.27	−11.32
	山东	18.79	18.34	−2.41	20.65	12.61	5.10
	区域平均	24.04	25.37	5.54	27.47	7.47	6.84
华中地区	河南	15.17	18.00	18.66	18.03	0.18	9.42
	湖北	21.20	21.45	1.18	21.99	2.52	1.85
	湖南	21.06	22.71	7.86	27.37	20.51	14.18
	区域平均	19.14	20.72	8.25	22.46	7.74	8.49
华南地区	广东	23.16	23.75	2.57	24.78	4.34	3.46
	广西	20.30	18.19	−10.41	20.22	11.15	0.37
	海南	26.23	22.44	−14.45	19.29	−14.02	−14.23
	区域平均	23.23	21.46	−7.62	21.43	0.49	−3.47
西南地区	重庆	21.64	28.19	30.28	26.12	−7.33	11.48
	四川	20.12	23.77	18.16	24.88	4.68	11.42
	贵州	23.54	17.81	−24.36	30.99	74.02	24.83
	云南	26.42	22.05	−16.54	20.84	−5.49	−11.02
	西藏				26.42		
	区域平均	22.93	22.95	0.10	25.85	16.47	9.18

续表

区域	省份	人均营业收入（万元／人）					
		2014 年	2015 年	增长率(%)	2016 年	增长率(%)	平均增长(%)
西北地区	陕西	19.54	19.97	2.22	23.07	15.50	8.86
	甘肃	13.23	12.65	−4.37	14.14	11.75	3.69
	青海	32.79	29.09	−11.26	34.45	18.42	3.58
	宁夏	20.68	20.84	0.78	21.13	1.41	1.09
	新疆	22.29	21.48	−3.65	23.65	10.11	3.23
	区域平均	21.70	20.81	−4.14	23.29	11.44	4.09
行业归口		41.90	36.96	−11.79	29.08	−21.32	−16.55

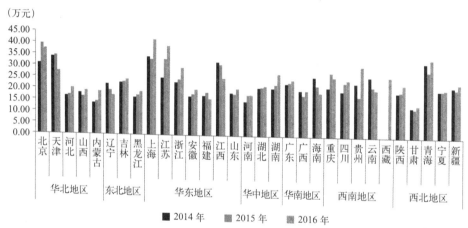

图 5-6　2014 ～ 2016 年各区域从业人员人均营业收入

（1）总体变化情况

2014 ～ 2016 年从业人员人均营业收入大体呈增加态势，但增速稍有放缓，2015 年增长率为 0.66%，2016 年增长率下降为 0.32%。

（2）区域变化情况

从图 5-6 可直观看出，2014 ～ 2016 年从业人员人均营业收入在区域间相差不大，大体在 25 万左右，其中华东地区最高。华北地区的北京变化幅度最大，2015 增长 27.76%，2016 年下降 5.41%；东北地区只有吉林增速普遍呈上升趋势；华东地区的上海变化幅度最大，2015 年负增长 3.00%，2016 年增长 25.64%，增速提高了 28.64 个百分点；华中地区只有河南呈增长态势不稳定，增速减少了 18.48 个百分点；西南地区，重庆、四川、贵州、云南四省变化幅度均较大，尤其是贵州省，增长率实现从 2015 年 −24.36% 到 2016 年 74.02% 的大幅跨越；甘肃从业人员人均营业收入在西北地区最低，但有上升的趋势。

二、按业务类别分类的营业收入统计分析

工程造价咨询行业营业收入按业务类别可划分为工程造价咨询业务收入和其他业务收入。其中，工程造价咨询业务收入按专业可划分为房屋建筑工程、市政工程、公路工程、铁路工程、城市轨道交通工程、航空工程、航天工程、火电工程、水电工程、核工业工程、新能源工程、水利工程、水运工程、矿山工程、冶金工程、石油天然气工程、石化工程、化工医药工程、农业工程、林业工程、电子通信工程、广播影视电视工程及其他。按工程建设阶段可划分为前期决策阶段咨询、实施阶段咨询、竣工决算阶段咨询、全过程工程造价咨询、工程造价经济纠纷的鉴定和仲裁咨询及其他。其他业务收入包括招标代理业务、建设工程监理业务、项目管理业务、工程咨询业务。

（一）2016 年营业收入按业务类别分类的基本情况

2016 年工程造价咨询行业整体营业收入按业务类别分类的基本情况如表 5-5 和图 5-7 所示。

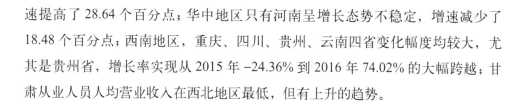

2016 年营业收入按业务类别划分汇总表（单位：亿元）　　表 5-5

区域	省份	工程造价咨询业务收入		其他业务收入					
		合计	占比(%)	合计	占比(%)	招标代理业务	建设工程监理业务	项目管理业务	工程咨询业务
合计		595.72	49.49	608.04	50.51	130.33	247.95	134.17	95.59
华北地区	北京	65.61	82.75	13.67	17.24	8.15	3.61	0.87	1.04
	天津	5.99	43.72	7.70	56.20	4.10	1.91	1.11	0.59
	河北	14.55	53.85	12.47	46.15	4.92	6.41	0.32	0.82

区域	省份	工程造价咨询业务收入		其他业务收入					
		合计	占比(%)	合计	占比(%)	招标代理业务	建设工程监理业务	项目管理业务	工程咨询业务
华北地区	山西	9.11	72.76	3.41	27.24	2.13	0.89	0.14	0.26
	内蒙古	9.64	76.15	3.02	23.85	2.12	0.63	0.07	0.21
东北地区	辽宁	10.05	81.57	2.27	18.43	1.93	0.16	0.02	0.16
	吉林	9.32	65.87	4.84	34.20	1.99	2.45	0.13	0.27
	黑龙江	7.99	80.71	1.91	19.29	0.95	0.83	0.03	0.10
华东地区	上海	37.97	55.07	30.97	44.92	8.17	15.07	2.54	5.20
	江苏	54.72	58.39	38.99	41.61	10.30	25.20	1.42	2.08
	浙江	46.03	57.88	33.48	42.10	10.71	14.74	1.09	6.94
	安徽	16.07	45.77	19.04	54.23	5.93	12.09	0.47	0.55
	福建	9.68	37.55	16.10	62.45	2.85	12.31	0.33	0.62
	江西	6.61	43.98	8.43	56.09	1.43	2.75	0.86	3.39
	山东	31.33	55.25	25.38	44.75	8.28	15.01	1.14	0.95
华中地区	河南	13.94	49.05	14.48	50.95	5.26	8.38	0.37	0.46
	湖北	18.59	75.85	5.92	24.15	3.73	1.62	0.27	0.30
	湖南	17.33	54.67	14.37	45.33	4.31	6.79	2.05	1.22
华南地区	广东	36.53	50.04	36.47	49.96	9.46	20.80	1.51	4.69
	广西	6.43	41.86	8.93	58.14	2.69	5.61	0.01	0.61
	海南	2.86	72.59	1.08	27.41	0.20	0.52	0.01	0.35
西南地区	重庆	20.44	78.19	5.70	21.81	1.85	2.92	0.20	0.73
	四川	41.63	43.90	53.19	56.10	5.27	20.57	25.80	1.56
	贵州	7.66	32.88	15.64	67.12	2.59	9.25	3.30	0.51
	云南	14.91	82.24	3.22	17.76	1.64	0.79	0.59	0.19
	西藏	0.40	61.54	0.24	36.92	0.20	0.03	0.01	0.01

续表

区域	省份	工程造价咨询业务收入		其他业务收入					
		合计	占比(%)	合计	占比(%)	招标代理业务	建设工程监理业务	项目管理业务	工程咨询业务
西北地区	陕西	13.75	50.59	13.43	49.41	7.07	5.74	0.13	0.48
	甘肃	4.67	32.21	9.83	67.79	2.00	7.42	0.14	0.28
	青海	1.84	40.62	2.70	59.60	0.55	1.48	0.01	0.65
	宁夏	3.75	73.39	1.36	26.61	0.97	0.34	0.04	0.00
	新疆	8.25	70.51	3.45	29.49	2.13	0.90	0.14	0.29
行业归口		48.08	19.67	196.35	80.33	6.43	40.74	89.07	60.11

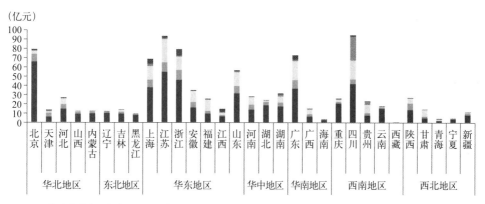

图 5-7 2016 年各地区营业收入按业务类别分类分配情况

1. 总体变化情况

2016 年工程造价咨询企业的营业收入为 1203.76 亿元，其中工程造价咨询业务收入 595.72 亿元，占 49.49%，其他业务收入 608.04 亿元，占 50.51%。其他业务收入中，招标代理业务收入 130.33 亿元，占整体营业收入的比例为 10.83%；建设工程监理业务 247.95 亿元，占比 20.60%；项目管理业务收入 134.17 亿元，占比 11.15%；工程咨询业务收入 95.59 亿元，占比 7.94%。

2. 区域变化情况

2016 年工程造价咨询业务收入占比与其他业务收入占比差距最大的是华北

地区的北京，其工程造价咨询业务收入占比82.75%，而其他业务收入占比为17.24%。东北地区各省工程造价咨询业务收入占比都高于其他业务收入占比，其中辽宁占比差距最大，工程造价咨询业务收入占比高达81.57%，其他业务收入占比为18.43%。2016年工程造价咨询业务收入占比低于其他业务收入占比的省份有天津、安徽、福建、江西、河南、广西、四川、贵州、甘肃、青海，其中两种业务收入占比在甘肃差距最大，其工程造价咨询业务收入占比32.21%，而其他业务收入占比为67.79%。

（二）2014～2016年营业收入按业务类别分类的变化情况

1. 总体变化情况分析

2014～2016年工程造价咨询行业营业收入按业务类别分类的总体变化情况如表5-6和图5-8所示。

2014～2016年营业收入按业务类别分类的总体变化（单位：亿元）　　表5-6

内容		2014年		2015年			2016年		
		收入	占比(%)	收入	占比（%）	增长率(%)	收入	占比(%)	增长率（%）
工程造价咨询业务收入		479.25	45.03	512.74	47.66	6.99	595.72	49.49	16.18
其他业务收入	合计	584.94	54.97	563.12	52.34	−3.73	608.04	50.51	7.98
	招标代理业务收入	101.41	9.53	113.00	10.47	11.42	130.33	10.83	15.34
	建设工程监理业务	217.42	20.43	225.17	20.86	3.56	247.95	20.60	10.12
	项目管理业务收入	193.68	18.20	158.97	14.73	−17.92	134.17	11.15	−15.60
	工程咨询业务收入	72.43	6.81	65.97	6.11	−8.91	95.59	7.94	44.90

从所占百分比角度分析，2014～2016年间，工程造价咨询业务收入占整体营业收入的比例不到50%，其他业务收入所占比例多年来始终高于工程造价咨询业务收入，但二者占比差距在逐年缩小。从变化趋势角度分析，2014～2016年间，工程造价咨询业务收入稳步增长且增速加快，而其他业务收入2015年下降3.73%，2016年增长7.98%，其中招标代理业务和建设工程监理业务一直处于稳步增长态势，且增长加速，项目管理业务收入不断减少，工程咨询业务收入2015年减少

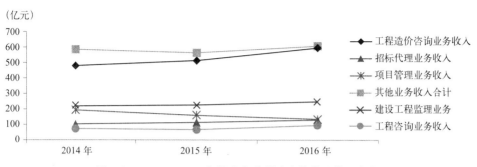

图 5-8　2014 ～ 2016 年按业务类别分类的营业收入变化

8.91%，2016 年增长 44.90%。

2.区域变化情况分析

2014 ～ 2016 年各地区工程造价咨询企业按业务类别分类的营业收入变化情况如表 5-7、图 5-9 和图 5-10 所示。

2014 ～ 2016 年各地区按业务类别分类的营业收入变化情况汇总表（单位：亿元）　表 5-7

区域	省份	工程造价咨询业务收入						其他业务收入					
		2014 年	2015 年		2016 年		平均增长(%)	2014 年	2015 年		2016 年		平均增长(%)
		收入	收入	增长率(%)	收入	增长率(%)		收入	收入	增长率(%)	收入	增长率(%)	
合计		479.25	512.74	6.99	595.72	16.18	11.59	584.94	563.11	-3.73	608.04	7.98	2.12
华北地区	北京	52.45	59.23	12.92	65.61	10.77	11.85	14.98	14.31	-4.48	13.67	-4.47	-4.48
	天津	6.22	7.71	23.89	5.99	-22.31	0.79	6.15	6.68	8.63	7.70	15.27	11.95
	河北	10.74	11.54	7.45	14.55	26.08	16.77	10.26	10.35	0.88	12.47	20.48	10.68
	山西	8.96	8.43	-5.95	9.11	8.07	1.06	4.11	3.00	-27.05	3.41	13.67	-6.69
	内蒙古	6.14	6.30	2.57	9.64	53.02	27.79	1.48	1.93	30.16	3.02	56.48	43.32
东北地区	辽宁	10.86	11.11	2.26	10.05	-9.54	-3.64	3.57	2.13	-40.31	2.27	6.57	-16.87
	吉林	7.02	5.35	-23.77	9.32	74.21	25.22	4.31	6.86	59.24	4.84	-29.45	14.90
	黑龙江	6.52	6.58	0.92	7.99	21.43	11.17	1.02	0.97	-5.05	1.91	96.91	45.93
华东地区	上海	32.55	34.34	5.51	37.97	10.57	8.04	26.53	26.98	1.69	30.97	14.79	8.24
	江苏	44.29	48.51	9.53	54.72	12.80	11.17	32.97	34.09	3.39	38.99	14.37	8.88
	浙江	32.54	36.54	12.29	46.03	25.97	19.13	25.35	26.50	4.55	33.48	26.34	15.44

续表

区域	省份	工程造价咨询业务收入						其他业务收入					
		2014年	2015年		2016年		平均增长(%)	2014年	2015年		2016年		平均增长(%)
		收入	收入	增长率(%)	收入	增长率(%)		收入	收入	增长率(%)	收入	增长率(%)	
华东地区	安徽	11.67	13.15	12.65	16.07	22.21	17.43	14.22	14.54	2.26	19.04	30.95	16.60
	福建	7.54	8.27	9.63	9.68	17.05	13.34	13.33	13.97	4.83	16.10	15.25	10.04
	江西	4.46	5.34	19.69	6.61	23.78	21.74	8.06	7.19	-10.84	8.43	17.25	3.20
	山东	23.62	23.56	-0.25	31.33	32.98	16.36	20.94	21.02	0.37	25.38	20.74	10.56
华中地区	河南	9.84	11.50	16.87	13.94	21.22	19.04	8.72	11.84	35.74	14.48	22.30	29.02
	湖北	13.19	15.26	15.71	18.59	21.82	18.77	6.83	6.08	-10.95	5.92	-2.63	-6.79
	湖南	12.91	13.20	2.24	17.33	31.29	16.76	7.12	9.91	39.27	14.37	45.01	42.14
华南地区	广东	27.68	33.62	21.44	36.53	8.66	15.05	30.63	33.78	10.28	36.47	7.96	9.12
	广西	6.67	5.25	-21.31	6.43	22.48	0.58	6.60	7.11	7.80	8.93	25.60	16.70
	海南	2.71	2.55	-5.95	2.86	12.16	3.10	0.52	0.70	35.06	1.08	54.29	44.67
西南地区	重庆	16.29	18.21	11.75	20.44	12.25	12.00	6.30	6.99	10.94	5.70	-18.45	-3.76
	四川	31.42	35.65	13.47	41.63	16.77	15.12	33.33	43.34	30.03	53.19	22.73	26.38
	贵州	4.31	5.23	21.47	7.66	46.46	33.97	8.08	6.62	-18.08	15.64	136.25	59.09
	云南	10.67	13.47	26.24	14.91	10.69	18.47	2.78	2.31	-17.01	3.22	39.39	11.19
	西藏				0.40						0.24		
西北地区	陕西	10.30	11.89	15.40	13.75	15.64	15.52	9.78	11.10	13.54	13.43	20.99	17.27
	甘肃	3.24	3.83	18.30	4.67	21.93	20.12	6.76	7.41	9.65	9.83	32.66	21.15
	青海	1.51	1.58	4.65	1.84	16.46	10.55	1.83	1.92	4.67	2.70	40.63	22.65
	宁夏	3.57	3.72	4.06	3.75	0.81	2.43	1.25	1.46	16.70	1.36	-6.85	4.93
	新疆	6.87	7.01	2.00	8.25	17.69	9.84	3.60	3.41	-5.30	3.45	1.17	-2.06
行业归口		52.46	44.81	-14.58	48.08	7.30	-3.64	263.54	218.59	-17.05	196.35	-10.17	-13.61

工程造价咨询业务收入平均增长最快的地区是贵州、内蒙古和吉林，平均增长率分别为 33.97%、27.79%、25.22%，平均增长最慢的地区是天津、广西、辽宁，平均增长率分别为 0.79%、0.58%、-3.64%。

其他业务收入平均增长最快的地区是贵州、黑龙江和海南，平均增长率分别

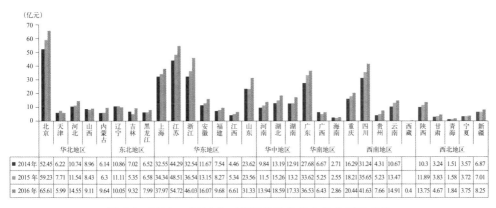

（亿元）	北京	天津	河北	山西	内蒙古	辽宁	吉林	黑龙江	上海	江苏	浙江	安徽	福建	江西	山东	河南	湖北	湖南	广东	广西	海南	重庆	四川	贵州	云南	西藏	陕西	甘肃	青海	宁夏	新疆
		华北地区					东北地区					华东地区					华中地区			华南地区				西南地区					西北地区		
2014年	52.45	6.22	10.74	8.96	6.14	10.86	7.02	6.52	32.55	44.29	32.54	11.67	7.54	4.46	23.62	9.84	13.19	12.91	27.68	6.67	2.71	16.29	31.24	4.31	10.67		10.3	3.24	1.51	3.57	6.87
2015年	59.23	7.71	11.54	8.43	6.3	11.11	5.35	6.58	34.34	48.51	36.54	13.15	8.27	5.34	23.56	11.5	15.26	13.2	33.62	5.25	2.55	18.21	35.65	5.23	13.47		11.89	3.83	1.58	3.72	7.01
2016年	65.61	5.99	14.55	9.11	9.64	10.05	9.32	7.99	37.97	54.72	46.03	16.07	9.68	6.61	31.33	13.94	18.59	17.33	36.53	6.43	2.86	20.44	41.63	7.66	14.91	0.4	13.75	4.67	1.84	3.75	8.25

图 5-9　2014～2016年工程造价咨询业务收入区域变化

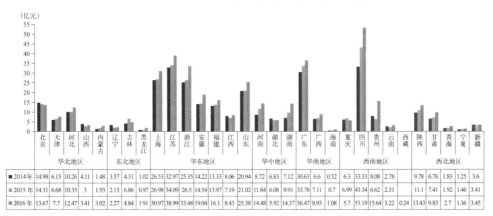

（亿元）	北京	天津	河北	山西	内蒙古	辽宁	吉林	黑龙江	上海	江苏	浙江	安徽	福建	江西	山东	河南	湖北	湖南	广东	广西	海南	重庆	四川	贵州	云南	西藏	陕西	甘肃	青海	宁夏	新疆
		华北地区					东北地区					华东地区					华中地区			华南地区				西南地区					西北地区		
2014年	14.98	6.15	10.26	4.11	1.48	3.57	4.31	1.02	26.53	32.97	25.35	14.22	13.33	8.06	20.94	8.72	6.83	7.12	30.63	6.6	0.52	6.3	33.33	8.08	2.78		9.78	6.76	1.83	1.25	3.6
2015年	14.31	6.68	10.35	3	1.93	2.13	6.86	0.97	26.98	34.09	26.5	14.54	13.97	7.19	21.02	11.84	6.08	9.91	33.78	7.11	0.7	6.99	43.34	6.62	2.31		11.1	7.41	1.92	1.46	3.41
2016年	13.67	7.7	12.47	3.41	3.02	2.27	4.84	1.91	30.97	38.99	33.48	19.04	16.1	8.43	25.38	14.48	5.92	14.37	36.47	8.93	1.08	5.7	53.19	15.64	3.22	0.24	13.43	9.83	2.7	1.36	3.45

图 5-10　2014～2016年其他业务收入区域变化

为59.09%、45.93%、44.67%，平均下降最快的地区是辽宁、湖北、山西，平均下降率为16.87%、6.79%、6.69%。

第二节　工程造价咨询业务收入统计分析

一、按专业分类的工程造价咨询业务收入统计分析

（一）2016年按专业分类的基本情况

2016年工程造价咨询业务收入按专业分类的基本情况如表5-8所示。

2016年按专业分类的工程造价咨询业务收入汇总表（单位：万元）

表5-8

区域	省份	工程造价咨询业务收入合计	房屋建筑工程 专业1	市政工程 专业2	公路工程 专业3	铁路工程 专业4	城市轨道交通工程 专业5	航空工程 专业6	航天工程 专业7	火电工程 专业8	水电工程 专业9	核工业工程 专业10	新能源工程 专业11
	合计	5957265	3489143	936679	277275	84122	97772	14395	4548	151635	98801	5746	33084
华北地区	北京	656119	394699	65160	18579	6605	25700	6184	1521	16537	9862	1031	8933
	天津	59928	37090	12300	3048	174	2300	13	80	911	112	0	498
	河北	145469	94489	25598	7839	714	279	120	240	794	708	629	447
	山西	91096	52390	9820	3689	479	47	0	0	1372	787	0	310
	内蒙古	96353	59950	15129	5794	630	42	295	36	1564	1160	5	561
东北地区	辽宁	100496	67370	15339	3460	313	1890	193	5	993	1126	2	184
	吉林	93166	40014	37384	1871	86	252	0	0	515	1691	0	0
	黑龙江	79880	53902	11069	2490	75	292	24	0	1085	299	0	10
华东地区	上海	379721	267553	50470	8841	2210	9295	1229	327	821	4219	0	139
	江苏	547170	354538	82315	16209	5693	7767	1196	0	13661	9519	73	3704
	浙江	460326	303779	78354	23888	2177	6921	231	0	6094	5652	184	701
	安徽	160739	101078	31149	9313	534	831	82	0	929	2762	0	84
	福建	96762	62734	19559	6430	41	180	0	0	3	984	0	37
	江西	66060	42633	11399	3074	327	206	56	0	2261	1968	53	408
	山东	313316	211868	50587	7960	1342	3872	4	141	4349	3057	222	1829

续表

区域	省份	工程造价咨询业务收入合计	房屋建筑工程 专业1	市政工程 专业2	公路工程 专业3	铁路工程 专业4	城市轨道交通工程 专业5	航空工程 专业6	航天工程 专业7	火电工程 专业8	水电工程 专业9	核工业工程 专业10	新能源工程 专业11
华中地区	河南	139420	88742	27190	6296	192	199	6	20	3660	749	122	223
	湖北	185943	118969	31083	9737	863	3067	17	10	3226	2186	23	360
	湖南	173263	90386	39580	15891	959	4323	529	213	1149	2502	95	558
华南地区	广东	365270	223188	62739	18300	922	7302	1099	0	15330	6674	520	907
	广西	64331	38748	10123	4454	538	27	0	0	653	2360	0	259
	海南	28608	19780	3883	2498	2	1	0	55	0	173	0	0
西南地区	重庆	204433	106724	50215	14866	783	5033	302	0	868	4019	0	191
	四川	416284	229876	86505	27768	3249	6054	1343	290	3267	8741	1054	1351
	贵州	76648	35635	18761	7275	184	50	156	0	3667	1439	0	68
	云南	149125	69227	20544	20733	1326	1611	28	1214	1183	4138	0	1256
	西藏	4038	2636	472	761	0	0	0	0	0	15	0	0
西北地区	陕西	137454	83887	19609	8714	483	1866	206	243	1903	2177	0	571
	甘肃	46724	33533	7229	1779	49	156	0	24	75	175	56	225
	青海	18374	12165	3046	718	0	11	0	0	697	197	0	22
	宁夏	37471	23754	5701	2218	75	2	13	0	321	84	0	218
	新疆	82470	50472	11614	3730	119	223	306	0	1641	480	74	1187
行业归口		480811	117333	22753	9049	52979	7973	763	130	62105	18786	1606	7845

续表

区域	省份	水利工程 专业12	水运工程 专业13	矿山工程 专业14	冶金工程 专业15	石油天然气工程 专业16	石化工程 专业17	化工医药工程 专业18	农业工程 专业19	林业工程 专业20	电子通信工程 专业21	广播影视电视工程 专业22	其他 专业23
合计		129336	28076	53870	37856	53844	42642	43011	35296	11166	93457	6722	228789
华北地区	北京	7875	2281	5930	3588	6217	4928	8002	5338	1415	19788	1416	34529
	天津	599	146	0	0	782	84	486	63	8	151	63	1020
	河北	2268	156	857	779	300	950	897	1476	558	1276	32	4062
	山西	965	44	10105	874	1262	1011	1274	776	455	1299	8	4130
	内蒙古	1240	14	631	94	308	77	2264	536	925	1534	362	3204
东北地区	辽宁	1975	267	59	118	495	455	247	641	308	1991	185	2882
	吉林	1388	0	18	3	390	69	0	348	15	6651	7	2463
	黑龙江	1756	0	55	0	392	140	179	1550	17	1061	0	5482
华东地区	上海	7595	784	12	1300	1915	710	3899	1819	721	2801	948	12114
	江苏	9800	2872	292	154	1673	1961	3285	2407	24	5475	819	23734
	浙江	14281	1139	129	44	1573	481	1625	490	547	3922	447	7666
	安徽	4420	198	392	1726	407	363	451	903	253	909	71	3886
	福建	3265	271	62	32	47	118	32	446	20	1434	1	1063
	江西	718	1	174	265	157	10	55	177	69	730	17	1301
	山东	5884	1037	2051	1055	1281	3804	2365	2277	1014	2073	541	4702

续表

区域	省份	水利工程 专业12	水运工程 专业13	矿山工程 专业14	冶金工程 专业15	石油天然气工程 专业16	石化工程 专业17	化工医药工程 专业18	农业工程 专业19	林业工程 专业20	电子通信工程 专业21	广播影视电视工程 专业22	其他 专业23
华中地区	河南	2111	27	81	239	221	1282	519	1031	141	1222	16	5130
	湖北	3620	817	157	1481	428	608	79	2545	420	969	30	5249
	湖南	3626	1001	441	46	207	1022	458	1375	216	3228	710	4747
华南地区	广东	5638	770	189	0	238	1375	538	469	419	5136	79	13437
	广西	2132	144	137	270	25	23	0	217	16	228	0	3978
	海南	317	338	2	0	9	40	0	229	148	56	11	1066
西南地区	重庆	5321	196	125	50	983	248	786	1399	611	1804	94	9812
	四川	10084	130	797	108	3066	2720	1893	3558	1190	11006	161	12076
	贵州	2374	15	414	73	46	82	127	586	227	958	20	4491
	云南	8556	1129	2072	2821	1128	1372	1682	1539	789	901	399	5477
	西藏	35	0	35	0	0	0	0	0	0	24	0	61
西北地区	陕西	2393	45	968	317	2864	628	146	768	94	6298	18	3256
	甘肃	798	0	100	31	417	70	327	195	69	766	15	637
	青海	219	76	320	0	0	44	16	84	123	4	0	631
	宁夏	938	0	363	98	141	222	33	383	262	722	0	1921
	新疆	3183	22	369	7	849	322	463	911	65	1531	60	4843
行业归口		13964	14156	26529	22284	26023	17423	10880	759	30	7508	191	39741

1. 总体情况

2016 年工程造价咨询业务收入按所涉及专业划分，其中房屋建筑工程专业收入最高为 348.91 亿元，占全部工程造价咨询业务收入比例为 58.57%；市政工程专业收入 93.67 亿元，占 15.72%；公路工程专业收入 27.73 亿元，占 4.65%；火电工程专业收入 15.16 亿，占 2.55%；水利工程专业收入 12.93 亿元，占 2.17%；其他各专业收入合计 97.33 亿元，占 16.34%。

2. 区域情况

2016 年北京房屋建筑工程专业收入和火电工程专业收入最高，分别为 394699 万元、16537 万元，四川市政工程专业收入和公路工程专业收入最高，分别为 86505 万元、27768 万元，浙江水利工程专业收入最高为 14281 万元。

（二）2014～2016 年按专业分类的变化情况

1. 总体变化情况

2014～2016 年按专业分类的工程造价咨询业务收入情况如表 5-9 所示，2014～2016 年间平均占比最大的前 4 个专业的工程造价咨询业务收入情况如图 5-11 所示。

2014～2016 年按专业分类的工程造价咨询业务收入情况（单位：万元）　　表 5-9

专业分类	2014 年		2015 年			2016 年			平均增长 (%)	平均占比 (%)
	收入	占比 (%)	收入	占比 (%)	增长率 (%)	收入	占比 (%)	增长率 (%)		
房屋建筑工程	2855063	59.57	3012266	58.75	5.51	3489143	58.57	15.83	10.67	58.96
市政工程	680257	14.19	750259	14.63	10.29	936679	15.72	24.85	17.57	14.85
公路工程	202666	4.23	223993	4.37	10.52	277275	4.65	23.79	17.15	4.42
铁路工程	59863	1.25	67992	1.33	13.58	84122	1.41	23.72	18.65	1.33
城市轨道交通	73035	1.52	87577	1.71	19.91	97772	1.64	11.64	15.78	1.62
航空工程	13129	0.27	18561	0.36	41.37	14395	0.24	-22.44	9.46	0.29
航天工程	2212	0.05	2699	0.05	22.02	4548	0.08	68.51	45.26	0.06
火电工程	116698	2.44	132297	2.58	13.37	151635	2.55	14.62	13.99	2.52
水电工程	79133	1.65	87163	1.70	10.15	98801	1.66	13.35	11.75	1.67

续表

专业分类	2014 年		2015 年			2016 年			平均增长 (%)	平均占比 (%)
	收入	占比 (%)	收入	占比 (%)	增长率 (%)	收入	占比 (%)	增长率 (%)		
核工业工程	2659	0.06	4324	0.08	62.62	5746	0.10	32.89	47.75	0.08
新能源工程	30699	0.64	30611	0.60	-0.29	33084	0.56	8.08	3.89	0.60
水利工程	96958	2.02	112983	2.20	16.53	129336	2.17	14.47	15.50	2.13
水运工程	27875	0.58	25443	0.50	-8.72	28076	0.47	10.35	0.81	0.52
矿山工程	94518	1.97	61044	1.19	-35.42	53870	0.90	-11.75	-23.59	1.35
冶金工程	63156	1.32	46357	0.90	-26.60	37856	0.64	-18.34	-22.47	0.95
石油天然气	55847	1.17	52370	1.02	-6.23	53844	0.90	2.81	-1.71	1.03
石化工程	41588	0.87	44057	0.86	5.94	42642	0.72	-3.21	1.36	0.82
化工医药工程	31798	0.66	42045	0.82	32.23	43011	0.72	2.30	17.26	0.73
农业工程	21570	0.45	26404	0.51	22.41	35296	0.59	33.68	28.04	0.52
林业工程	11200	0.23	9340	0.18	-16.61	11166	0.19	19.55	1.47	0.20
电子通信工程	58777	1.23	72471	1.41	23.30	93457	1.57	28.96	26.13	1.40
广播影视电视	5452	0.11	7641	0.15	40.15	6722	0.11	-12.03	14.06	0.12
其他	168339	3.51	209502	4.09	24.45	228789	3.84	9.21	16.83	3.81

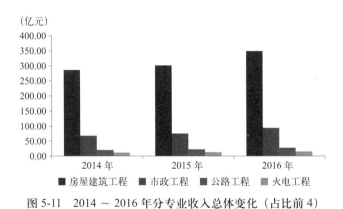

图 5-11 2014 ~ 2016 年分专业收入总体变化（占比前 4）

根据各专业收入占比情况，2014 ~ 2016 年，在 23 个专业收入中，房屋建筑工程专业收入占比过半，高达 59% 左右，可见工程造价咨询业务收入以房屋建筑工程咨询业务收入为核心。此外，房屋建筑工程、市政工程及公路工程占比较大，这三类专业收入比例占绝对优势；铁路、火电、水利等专业工程所占比例合计较低，为 22% 左右；航天工程、广播影视电视、核工业工程平均占比更低，分别为 0.06%、0.08%、0.12%。从变化趋势角度分析，2014 ～ 2016 年工程造价咨询业务收入平均增长较快的专业有核工业工程、航空工程、农业工程，平均增长率分别为 47.75%、45.26%、28.04%，石油天然气、冶金工程及矿山工程平均呈下降趋势，其中航天工程波动最大，2015 年增长 41.37%，2016 年下降 22.44%，变化幅度高达 63.81 个百分点。

2. 区域变化情况

2014 ～ 2016 年，收入占比前 3 的专业工程造价咨询业务收入区域变化情况如表 5-10 及图 5-12 ～图 5-14 所示。

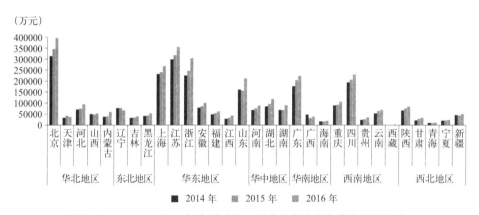

图 5-12　2014 ～ 2016 年房屋建筑工程专业咨询业务收入区域变化

图 5-13　2014 ～ 2016 年市政工程专业咨询业务收入区域变化

表 5-10

2014～2016 年分专业收入区域变化情况（占比前 3）（单位：万元）

区域	省份	2014 年			2015 年						2016 年						房屋建筑工程平均增长（%）	市政工程平均增长（%）	公路工程平均增长（%）
		房屋建筑工程	市政工程	公路工程	房屋建筑工程		市政工程		公路工程		房屋建筑工程		市政工程		公路工程				
					收入	增长率（%）	收入	增长率（%）	收入	增长率（%）	收入	增长率（%）	收入	增长率（%）	收入	增长率（%）			
	合计	2855063	680257	202666	3012266	5.51	750259	10.29	223993	10.52	3489143	15.83	936679	24.85	277275	23.79	10.67	17.57	17.15
华北地区	北京	314436	54863	14460	345831	9.98	69198	26.13	13480	-6.78	394699	14.13	65160	-5.84	18579	37.83	12.06	10.15	15.52
	天津	33924	11765	3529	43042	26.88	12316	4.68	2501	-29.13	37090	-13.83	12300	-0.13	3048	21.87	6.53	2.28	-3.63
	河北	72072	15342	5055	74789	3.77	18472	20.4	6375	26.11	94489	26.34	25598	38.58	7839	22.96	15.06	29.49	24.54
	山西	51341	9606	3773	49127	-4.31	8791	-8.48	2445	-35.2	52390	6.64	9820	11.71	3689	50.88	1.17	1.61	7.84
	内蒙古	38255	9607	4554	40286	5.31	9466	-1.47	4229	-7.14	59950	48.81	15129	59.82	5794	37.01	27.06	29.18	14.93
东北地区	辽宁	77299	13645	2078	78665	1.77	14374	5.34	2460	18.38	67370	-14.36	15339	6.71	3460	40.65	-6.29	6.03	29.52
	吉林	33576	27255	1787	34960	4.12	9040	-66.83	1112	-37.77	40014	14.46	37384	313.54	1871	68.26	9.29	123.35	15.24
	黑龙江	42248	8777	2568	44216	4.66	7066	-19.49	2400	-6.54	53902	21.91	11069	56.65	2490	3.75	13.28	18.58	-1.40
华东地区	上海	232308	45787	7323	240512	3.53	44707	-2.36	7254	-0.94	267553	11.24	50470	12.89	8841	21.88	7.39	5.27	10.47
	江苏	299521	64596	14762	318220	6.24	68985	6.79	16877	14.33	354538	11.41	82315	19.32	16209	-3.96	8.83	13.06	5.19
	浙江	225438	50998	15573	247179	9.64	63115	23.76	18239	17.12	303779	22.90	78354	24.14	23888	30.97	16.27	23.95	24.05
	安徽	80233	20999	5040	86380	7.66	23159	10.29	6285	24.7	101078	17.02	31149	34.50	9313	48.18	12.34	22.40	36.44
	福建	49825	12581	6951	54716	9.82	15571	23.77	5272	-24.15	62734	14.65	19559	25.61	6430	21.97	12.24	24.69	-1.09
	江西	29570	7652	1365	33923	14.72	9214	20.41	2064	51.21	42633	25.68	11399	23.71	3074	48.93	20.20	22.06	50.07
	山东	161966	37288	6947	157778	-2.59	39102	4.86	6526	-6.06	211868	34.28	50587	29.37	7960	21.97	15.85	17.12	7.96

续表

区域	省份	2014年 房屋建筑工程	2014年 市政工程	2014年 公路工程	2015年 房屋建筑工程 收入	增长率(%)	市政工程 收入	增长率(%)	公路工程 收入	增长率(%)	2016年 房屋建筑工程 收入	增长率(%)	市政工程 收入	增长率(%)	公路工程 收入	增长率(%)	房屋建筑工程平均增长(%)	市政工程平均增长(%)	公路工程平均增长(%)
华中地区	河南	69463	15780	2967	77670	11.81	19968	26.54	4911	65.52	88742	14.26	27190	36.17	6296	28.20	13.03	31.35	46.86
	湖北	85744	21236	5877	97282	13.46	28328	33.4	6257	6.47	118969	22.29	31083	9.73	9737	55.62	17.88	21.56	31.04
	湖南	70107	26632	11895	69303	-1.15	29350	10.21	11023	-7.33	90386	30.42	39580	34.86	15891	44.16	14.64	22.53	18.42
华南地区	广东	177355	41933	12526	205411	15.82	50992	21.6	19116	52.61	223188	8.65	62739	23.04	18300	-4.27	12.24	22.32	24.17
	广西	48628	6881	2970	32951	-32.24	7005	1.8	3612	21.62	38748	17.59	10123	44.51	4454	23.31	-7.32	23.16	22.47
	海南	18551	4721	1609	17128	-7.67	3978	-15.74	2127	32.19	19780	15.48	3883	-2.39	2498	17.44	3.91	-9.06	24.82
西南地区	重庆	90110	37476	13022	92458	2.61	44738	19.38	13902	6.76	106724	15.43	50215	12.24	14866	6.93	9.02	15.81	6.85
	四川	194747	59055	17318	206542	6.06	69587	17.83	21262	22.77	229876	11.30	86505	24.31	27768	30.60	8.68	21.07	26.68
	贵州	24474	8597	3002	27647	12.96	11935	38.83	4171	38.94	35635	28.89	18761	57.19	7275	74.42	20.93	48.01	56.68
	云南	54153	11427	16373	65462	20.88	15965	39.71	18460	12.75	69227	5.75	20544	28.68	20733	12.31	13.32	34.20	12.53
	西藏										2636		472		761				
西北地区	陕西	67497	12402	7345	77539	14.88	13773	11.05	8024	9.24	83887	8.19	19609	42.37	8714	8.60	11.53	26.71	8.92
	甘肃	22497	5792	853	29579	31.48	4933	-14.83	1146	34.35	33533	13.37	7229	46.54	1779	55.24	22.42	15.86	44.79
	青海	11612	1613	313	11521	-0.78	2226	38	276	-11.82	12165	5.59	3046	36.84	718	160.14	2.40	37.42	74.16
	宁夏	21604	5030	2210	23030	6.6	5091	1.21	1937	-12.35	23754	3.14	5701	11.98	2218	14.51	4.87	6.60	1.08
	新疆	46722	8040	2515	44585	-4.57	8658	7.69	3171	26.08	50472	13.20	11614	34.14	3730	17.63	4.32	20.92	21.85
行业归口		109787	22883	6107	84532	-23	21157	-7.54	7077	15.88	117333	38.80	22753	7.54	9049	27.86	7.90	0.00	21.87

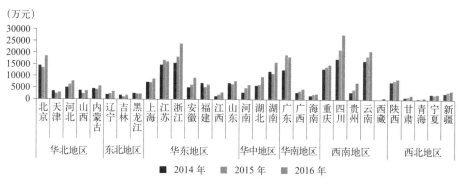

图 5-14　2014～2016 年公路工程专业咨询业务收入区域变化

2014～2016 年，房屋建筑工程专业咨询业务收入在内蒙古平均增长最快，平均增长率为 27.06%；在辽宁、广西平均呈下降趋势，平均下降率分别为 6.29%、7.32%；市政工程专业咨询业务收入在吉林平均增长最快，平均增长率分别为 123.35%，在海南平均呈下降趋势，平均下降率为 9.06%；公路工程专业咨询业务收入在青海平均增长最快，平均增长率为 74.16%，在福建、黑龙江、天津平均呈下降趋势，平均下降率为 1.09%、1.40%、3.63%。

二、按工程建设阶段分类的工程造价咨询业务收入统计分析

（一）2016 年按工程建设阶段分类的基本情况

2016 年，按工程建设阶段分类的工程造价咨询业务收入如表 5-11 和图 5-15 所示。

2016 年按工程建设阶段分类的工程造价咨询业务收入基本情况（单位：亿元）　表 5-11

区域	省份	合计	前期决策阶段咨询	实施阶段咨询	竣工决算阶段咨询	全过程工程造价咨询	工程造价经济纠纷的鉴定和仲裁的咨询	其他
合计		595.72	56.42	138.18	235.74	142.73	10.63	12.02
华北地区	北京	65.61	4.23	14.89	22.87	21.57	0.54	1.51
	天津	5.99	0.32	1.57	1.78	2.19	0.11	0.03
	河北	14.55	1.59	3.49	6.18	2.65	0.45	0.19
	山西	9.11	0.55	1.77	5.31	1.19	0.11	0.18
	内蒙古	9.64	0.84	1.17	5.87	1.43	0.16	0.16

区域	省份	合计	前期决策阶段咨询	实施阶段咨询	竣工决算阶段咨询	全过程工程造价咨询	工程造价经济纠纷的鉴定和仲裁的咨询	其他
东北地区	辽宁	10.05	0.73	1.67	5.02	2.02	0.45	0.17
	吉林	9.32	0.79	1.58	3.14	3.39	0.12	0.30
	黑龙江	7.99	0.82	1.22	4.56	1.05	0.12	0.22
华东地区	上海	37.97	1.44	4.68	15.30	14.89	0.65	1.02
	江苏	54.72	2.30	9.54	28.14	11.95	1.20	1.58
	浙江	46.03	3.99	9.36	23.30	7.56	0.67	1.15
	安徽	16.07	1.76	3.52	7.47	2.68	0.43	0.22
	福建	9.68	1.33	4.24	2.94	0.88	0.13	0.16
	江西	6.61	0.60	1.18	3.71	0.99	0.07	0.06
	山东	31.33	2.23	4.36	13.89	9.19	0.98	0.69
华中地区	河南	13.94	1.19	4.06	5.74	2.11	0.34	0.50
	湖北	18.59	2.25	5.66	6.65	3.54	0.35	0.15
	湖南	17.33	2.31	4.70	7.29	2.50	0.29	0.24
华南地区	广东	36.53	4.71	10.75	9.98	9.68	0.51	0.89
	广西	6.43	0.81	2.45	2.04	0.93	0.11	0.10
	海南	2.86	0.43	0.75	0.95	0.54	0.10	0.09
西南地区	重庆	20.44	2.46	5.56	7.12	4.41	0.46	0.42
	四川	41.63	4.80	10.78	16.18	8.65	0.76	0.47
	贵州	7.66	0.83	1.65	3.07	1.76	0.21	0.14
	云南	14.91	1.55	3.09	4.61	4.86	0.15	0.66
	西藏	0.40	0.05	0.02	0.24	0.08	0.00	0.00
西北地区	陕西	13.75	1.13	3.85	6.13	2.25	0.27	0.11
	甘肃	4.67	0.71	1.22	1.92	0.66	0.09	0.07
	青海	1.84	0.22	0.62	0.68	0.25	0.05	0.02
	宁夏	3.75	0.45	1.72	1.17	0.29	0.10	0.02
	新疆	8.25	0.75	1.59	4.06	1.66	0.15	0.04
行业归口		48.08	8.29	15.46	8.43	14.93	0.50	0.46

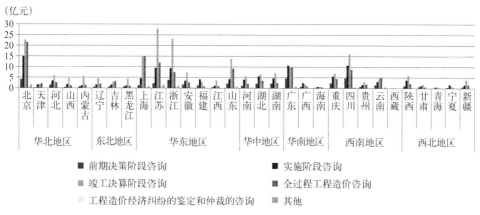

图 5-15　2016 年按工程建设阶段分类的工程造价咨询业务收入变化

1. 总体情况

按工程建设的阶段划分，2016 年工程造价咨询业务收入中的前期决策阶段
咨询业务收入为 56.42 亿元、实施阶段咨询业务收入 138.18 亿元、竣工决算阶段
咨询业务收入为 235.74 亿元、全过程工程造价咨询业务收入 142.73 亿元、工程
造价经济纠纷的鉴定和仲裁的咨询业务收入 10.63 亿元，各类业务收入占工程造
价咨询业务收入比例分别为 9.47%、23.20%、39.57%、23.96% 和 1.78%。此外，
其他工程造价咨询业务收入 12.02 亿元，占 2.02%。

2. 区域情况

2016 年前期决策阶段咨询业务收入及实施阶段咨询业务收入在北京、四川、
浙江、广东较高，竣工决算阶段咨询业务收入在江苏、北京、浙江、上海较高，
全过程工程造价咨询业务收入在北京、上海、江苏、广东较高，工程造价经济纠
纷的鉴定和仲裁的咨询业务收入在江苏、广东、浙江、山东较高，其他业务收入
在江苏、北京最高。

（二）2014 ～ 2016 年按工程建设阶段分类的变化情况

1. 总体变化情况

2014 ～ 2016 年，按工程建设阶段分类的工程造价咨询业务收入变化情况如
表 5-12 和图 5-16 所示。

2014～2016年按工程建设阶段分类的工程造价咨询收入总体变化（单位：亿元） 表5-12

阶段分类	2014年		2015年			2016年			平均增长(%)	平均占比(%)
	收入	占比(%)	收入	占比(%)	增长(%)	收入	占比(%)	增长(%)		
前期决策阶段咨询	49.63	10.36	49.96	9.74	0.67	56.42	9.47	12.93	6.80	9.86
实施阶段咨询	127.98	26.70	131.82	25.71	3.00	138.18	23.20	4.82	3.91	25.20
竣工决算阶段咨询	165.95	34.63	187.12	36.49	12.76	235.74	39.57	25.98	19.37	36.90
全过程工程造价咨询	115.58	24.12	123.32	24.05	6.69	142.73	23.96	15.74	11.21	24.04
工程造价鉴定和仲裁	6.78	1.41	8.61	1.68	27.08	10.63	1.78	23.46	25.27	1.62
其他	13.34	2.78	11.90	2.32	-10.77	12.02	2.02	1.01	-4.88	2.37

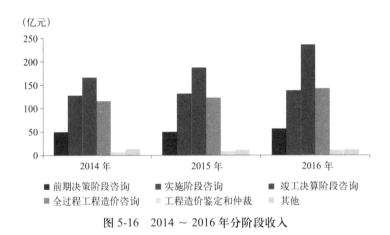

图 5-16 2014～2016年分阶段收入

（1）根据收入占比情况，2014～2016年，不同阶段业务收入占工程造价咨询业务收入比例由高到低为竣工决算阶段、实施阶段、全过程、前期决策阶段、工程造价经济纠纷的鉴定和仲裁。竣工决算阶段咨询存在较高的核减效益收入；全过程工程造价咨询是工程造价咨询行业的一个发展方向，占比较高；前期决策阶段咨询业务收入绝对额不大，但仍占有一定比例，其重要性在日益得到认可；工程造价经济纠纷的鉴定和仲裁业务收入比例较低，主要原因是此类业务存在市场准入门槛，专业技术要求高，业务实施难度大。2014～2016年，前期决策阶段、实施阶段、全过程以及其他咨询业务收入占比呈逐年递减的状态，竣工决算阶段咨询收入占比呈先减后增的状态，工程造价经济纠纷的鉴定和仲裁业务收入占比呈稳定增长态势，各阶段咨询业务收入占比增减幅度不大。

（2）从变化趋势角度分析，除其他咨询业务以外，各阶段业务收入都呈现逐年增长态势，其中前期决策阶段、实施阶段、竣工决算阶段以及全过程工程造价咨询业务收入增速加快，工程造价鉴定和仲裁咨询业务收入增速放缓。2014～2016年各阶段收入中平均增速最快的是工程造价鉴定和仲裁咨询业务，平均增长率为25.27%，平均增速最慢的是其他咨询业务，平均增长率为-4.88%。

2.区域变化情况

2014～2016年，按工程建设阶段分类的工程造价咨询业务收入区域变化情况如表5-13所示。

2014～2016年按工程建设阶段分类的工程造价咨询业务收入变化情况
（平均占比排名前4的地区）（单位：万元）　表5-13

省份	2014年		2015年			2016年			平均占比（%）	平均增长（%）
	收入	占比（%）	收入	占比（%）	增长率（%）	收入	占比（%）	增长率（%）		
前期决策阶段收入										
青海	1980	13.11	2800	17.72	41.41	2200	11.96	−21.43	14.26	9.99
湖南	18240	14.13	18700	14.17	2.52	23100	13.33	23.53	13.87	13.03
福建	10208	13.53	11400	13.78	11.68	13300	13.74	16.67	13.69	14.17
甘肃	3871	11.96	5200	13.58	34.33	7100	15.20	36.54	13.58	35.44
实施阶段咨询收入										
宁夏	25033	70.03	24400	65.59	−2.53	17200	45.87	−29.51	60.50	−16.02
福建	38305	50.78	41400	50.06	8.08	42400	43.80	2.42	48.21	5.25
青海	7565	50.11	6400	40.51	−15.40	6200	33.70	−3.13	41.44	−9.26
广西	30016	44.99	19400	36.95	−35.37	24500	38.10	26.29	40.02	−4.54
竣工决算阶段咨询收入										
内蒙古	34552	56.25	36700	58.25	6.22	58700	60.89	59.95	58.47	33.08
山西	46014	51.34	48400	57.41	5.19	53100	58.29	9.71	55.68	7.45
江西	24938	55.89	29000	54.31	16.29	37100	56.13	27.93	55.44	22.11
黑龙江	30404	46.63	34000	51.67	11.83	45600	57.07	34.12	51.79	22.97

续表

省份	2014年		2015年			2016年			平均占比(%)	平均增长(%)
	收入	占比(%)	收入	占比(%)	增长率(%)	收入	占比(%)	增长率(%)		
全过程工程造价咨询收入										
上海	139328	42.81	144800	42.17	3.93	148900	39.22	2.83	41.40	3.38
天津	22313	35.85	26200	33.98	17.42	21900	36.56	-16.41	35.47	0.50
北京	162916	31.06	203000	34.27	24.60	215700	32.88	6.26	32.74	15.43
云南	35288	33.07	43800	32.52	24.12	48600	32.60	10.96	32.73	17.54
工程造价经济纠纷的鉴定和仲裁收入										
辽宁	2968	2.73	3600	3.24	21.29	4500	4.48	25.00	3.48	23.15
海南	967	3.57	600	2.35	-37.95	1000	3.50	66.67	3.14	14.36
河北	2438	2.27	3700	3.21	51.76	4500	3.09	21.62	2.86	36.69
宁夏	715	2.00	1300	3.49	81.82	1000	2.67	-23.08	2.72	29.37
其他收入										
吉林	19701	28.07	900	1.68	-95.43	3000	3.22	233.33	10.99	68.95
广西	10560	15.83	900	1.71	-91.48	1000	1.56	11.11	6.37	-40.18
黑龙江	3321	5.09	3900	5.93	17.43	2200	2.75	-43.59	4.59	-13.08
云南	4742	4.44	5600	4.16	18.09	6600	4.43	17.86	4.34	17.98

（1）根据收入占比情况，2014～2016年，各阶段咨询收入在平均占比排名前4的地区中变化幅度都不太大，除了其他咨询业务收入中，吉林2014年占比为28.07%，2015年占比低至1.68%，广西2014年占比15.83%，2015年低至1.71%。前期决策阶段咨询收入中，2014年湖南占比最高为14.13%，2015年青海占比最高为17.72%，2016年甘肃占比最高为15.20%；实施阶段咨询收入中，2014～2016年都是宁夏占比最高，分别为70.03%、65.59%、45.87%；竣工决算阶段咨询收入中，2014～2016年都是内蒙古占比最高，分别为56.25%、58.25%、60.89%；全过程工程造价咨询收入中，2014～2016年都是上海占比最高，分别为42.81%、42.17%、39.22%；工程造价经济纠纷的鉴定和仲裁收入中，2014年海南占比最高为3.57%，2015年宁夏占比最高为3.49%，2016年辽宁占比最高4.48%。

（2）从变化趋势角度，2014～2016年，前期决策阶段咨询收入平均增长最快的地区是甘肃，平均增长率为35.44%；实施阶段咨询收入平均增长最快的地区是福建，平均增长率为5.25%；竣工决算阶段咨询收入平均增长最快的地区是内蒙古，平均增长率为33.08%；全过程工程造价咨询收入平均增长最快的地区是云南，平均增长率为17.54%；工程造价经济纠纷鉴定和仲裁收入平均增长较快的地区是河北，平均增长率为36.69%。

（3）从区域集中度角度，华北、东北、华东、华中、华南、西南、西北地区在各阶段的收入中各省平均占比如表5-14所示。前期决策阶段咨询业务收入各省平均占比在华中、华南地区较高，实施阶段咨询业务收入各省平均占比在西北、华南地区较高，竣工决算阶段咨询业务收入各省平均占比在东北、华东地区较高，全过程工程造价咨询业务收入各省平均占比在华北、西南较高，工程造价经济纠纷的鉴定和仲裁的咨询业务收入各省平均占比在东北、华南地区较高。

2014～2016年各地区在各阶段收入中各省平均占比（单位：%）　　　表5-14

内容	区域	2014年	2015年	2016年	平均占比
前期决策阶段咨询业务收入	华北地区	8.41	8.08	7.49	7.99
	东北地区	8.51	10.26	8.67	9.15
	华东地区	8.88	8.86	8.22	8.65
	华中地区	12.67	11.60	11.32	11.86
	华南地区	9.82	11.68	13.51	11.67
	西南地区	11.24	10.73	11.46	11.14
	西北地区	10.42	10.59	11.29	10.77
实施阶段咨询业务收入	华北地区	23.28	21.94	20.89	22.04
	东北地区	21.87	19.94	16.28	19.36
	华东地区	24.96	23.31	21.08	23.12
	华中地区	32.35	31.92	28.90	31.06
	华南地区	39.42	34.93	31.25	35.20
	西南地区	29.47	28.27	20.07	25.94
	西北地区	40.45	36.47	30.59	35.84

续表

内容	区域	2014 年	2015 年	2016 年	平均占比
竣工决算阶段咨询业务收入	华北地区	39.49	42.05	45.25	42.26
	东北地区	38.36	45.49	46.90	43.58
	华东地区	41.69	43.39	45.67	43.58
	华中地区	35.71	35.07	39.67	36.82
	华南地区	26.26	30.28	30.75	29.10
	西南地区	34.02	33.17	40.94	36.04
	西北地区	30.91	34.30	40.61	35.27
全过程工程造价咨询业务收入	华北地区	24.87	24.03	23.11	24.00
	东北地区	17.01	18.75	23.20	19.65
	华东地区	21.71	21.00	21.08	21.26
	华中地区	15.55	17.21	16.20	16.32
	华南地区	15.81	16.83	19.95	17.53
	西南地区	21.37	23.80	23.59	22.92
	西北地区	15.02	15.49	14.39	14.97
工程造价经济纠纷的鉴定和仲裁的咨询业务收入	华北地区	1.28	1.77	1.72	1.59
	东北地区	2.51	2.37	2.42	2.43
	华东地区	1.37	1.63	1.94	1.65
	华中地区	1.49	2.48	2.00	1.99
	华南地区	2.34	2.13	2.20	2.22
	西南地区	1.17	1.47	1.56	1.40
	西北地区	1.62	1.91	2.22	1.92
其他咨询业务收入	华北地区	2.67	2.19	1.55	2.14
	东北地区	11.74	3.11	2.55	5.80
	华东地区	1.39	1.84	2.03	1.75
	华中地区	2.24	1.65	1.93	1.94
	华南地区	6.36	4.14	2.38	4.29
	西南地区	2.73	2.53	1.89	2.38
	西北地区	1.58	1.56	0.88	1.34

第三节　企业盈利统计分析

一、2016 年企业盈利统计分析

2016 年各地区工程造价咨询企业财务状况汇总信息如表 5-15 所示，利润总额变化情况如图 5-17 所示。

2016 年各地区财务状况汇总表（单位：亿元）　　表 5-15

区域	省份	营业收入合计	工程造价咨询营业收入	其他收入	利润总额	所得税
合计		1203.76	595.72	608.04	182.29	39.12
华北地区	北京	79.29	65.61	13.67	11.79	2.23
	天津	13.70	5.99	7.70	2.22	0.64
	河北	27.02	14.55	12.47	2.44	0.36
	山西	12.52	9.11	3.41	0.39	0.08
	内蒙古	12.66	9.64	3.02	0.84	0.16
东北地区	辽宁	12.32	10.05	2.27	0.94	0.18
	吉林	14.15	9.32	4.84	2.41	0.84
	黑龙江	9.90	7.99	1.91	0.47	0.12
华东地区	上海	68.95	37.97	30.97	7.20	1.84
	江苏	93.71	54.72	38.99	9.87	2.09
	浙江	79.52	46.03	33.48	7.00	1.45
	安徽	35.11	16.07	19.04	3.87	0.80
	福建	25.78	9.68	16.10	2.20	0.41
	江西	15.03	6.61	8.43	3.23	0.44
	山东	56.71	31.33	25.38	3.66	0.80
华中地区	河南	28.42	13.94	14.48	2.13	0.39
	湖北	24.51	18.59	5.92	3.61	0.65
	湖南	31.70	17.33	14.37	2.88	0.54

续表

区域	省份	营业收入合计	工程造价咨询营业收入	其他收入	利润总额	所得税
华南地区	广东	73.00	36.53	36.47	6.69	1.10
	广西	15.36	6.43	8.93	1.31	0.09
	海南	3.94	2.86	1.08	0.22	0.05
西南地区	重庆	26.14	20.44	5.70	1.12	0.21
	四川	94.82	41.63	53.19	9.23	1.59
	贵州	23.30	7.66	15.64	1.49	0.20
	云南	18.13	14.91	3.22	1.76	0.38
	西藏	0.65	0.40	0.24	0.06	0.00
西北地区	陕西	27.18	13.75	13.43	3.16	0.51
	甘肃	14.50	4.67	9.83	1.37	0.24
	青海	4.53	1.84	2.70	0.61	0.09
	宁夏	5.11	3.75	1.36	0.40	0.07
	新疆	11.70	8.25	3.45	0.79	0.16
行业归口		244.43	48.08	196.35	86.91	20.41

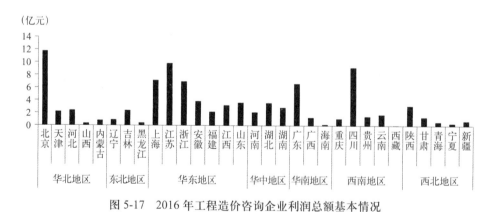

图5-17　2016年工程造价咨询企业利润总额基本情况

（一）从利润总额角度分析

2016年上报的工程造价咨询企业实现利润总额高达182.29亿元，其中，利润总额较高的地区是北京、江苏、四川，分别为11.79亿元、9.87亿元、9.23亿元，说明工程造价咨询企业在北京、江苏、四川三个地区发展较为成熟和繁荣，也在一定程度上说明随着行业上游企业及政府投资项目对成本管控要求越来越严格，成本管理的需求也不断增加，市场主体对工程造价咨询行业的专业认同程度越来越高，乐于将成本管理的工作交给专业的咨询公司承接，促进了市场规模的扩大和行业地位的提升，使得工程造价咨询行业在社会中发挥越来越大的作用。

（二）从区域利润总额角度分析

由图 5-17 可知，与其他地区相比，华东地区工程造价咨询企业实现利润总额较高。在华北地区，北京实现利润总额最高为 11.79 亿元，在华南地区，广东实现利润总额最高为 6.69 亿元，在西南地区，四川实现利润总额最高为 9.23 亿元，在西北地区，陕西实现利润总额最高为 3.16 亿元。

二、2014 ~ 2016 年企业盈利对比分析

2014 ~ 2016 年工程造价咨询企业财务收入利润总额变化情况如表 5-16 和图 5-18 所示。

2014 ~ 2016 年利润总额变化情况汇总表　　表 5-16

区域	省份	2014 年	2015 年		2016 年		平均增长率（%）
		利润总额（亿元）	利润总额（亿元）	增长率（%）	利润总额（亿元）	增长率（%）	
	合计	103.88	103.61	-0.26	182.29	75.94	37.84
华北地区	北京	6.00	6.55	9.08	11.79	80.00	44.54
	天津	1.43	1.67	16.42	2.22	32.93	24.68
	河北	1.31	1.36	3.92	2.44	79.41	41.67
	山西	1.40	1.23	-12.42	0.39	-68.29	-40.36
	内蒙古	0.66	0.71	8.40	0.84	18.31	13.35
东北地区	辽宁	0.90	0.83	-8.10	0.94	13.25	2.58
	吉林	1.17	1.26	8.10	2.41	91.27	49.68
	黑龙江	0.50	0.50	0.02	0.47	-6.00	-2.99

区域	省份	2014 年	2015 年		2016 年		平均增长率（%）
		利润总额（亿元）	利润总额（亿元）	增长率（%）	利润总额（亿元）	增长率（%）	
华东地区	上海	7.08	7.34	3.73	7.20	−1.91	0.91
	江苏	8.12	8.69	6.96	9.87	13.58	10.27
	浙江	5.01	5.46	8.98	7.00	28.21	18.59
	安徽	2.49	2.67	7.03	3.87	44.94	25.99
	福建	1.59	1.69	6.24	2.20	30.18	18.21
	江西	1.81	1.81	−0.01	3.23	78.45	39.22
	山东	3.63	3.63	0.10	3.66	0.83	0.46
华中地区	河南	0.94	1.19	26.07	2.13	78.99	52.53
	湖北	1.53	1.63	6.88	3.61	121.47	64.18
	湖南	1.72	1.99	15.46	2.88	44.72	30.09
华南地区	广东	4.32	4.99	15.55	6.69	34.07	24.81
	广西	0.31	0.29	−7.02	1.31	351.72	172.35
	海南	0.16	0.16	0.82	0.22	37.50	19.16
西南地区	重庆	1.59	1.77	11.51	1.12	−36.72	−12.61
	四川	6.06	7.40	22.04	9.23	24.73	23.38
	贵州	1.07	1.02	−4.23	1.49	46.08	20.92
	云南	1.07	1.26	17.57	1.76	39.68	28.63
	西藏				0.06		
西北地区	陕西	2.77	3.18	14.67	3.16	−0.63	7.02
	甘肃	0.84	0.95	12.71	1.37	44.21	28.46
	青海	0.57	0.60	4.79	0.61	1.67	3.23
	宁夏	0.46	0.49	7.22	0.40	−18.37	−5.57
	新疆	1.05	1.05	−0.42	0.79	−24.76	−12.59
行业归口		36.31	30.26	−16.66	86.91	187.21	85.28

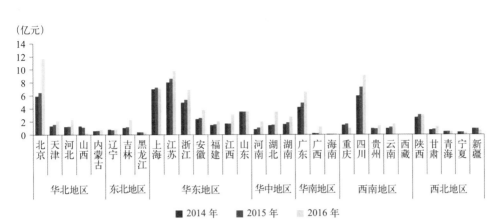

图 5-18　2014～2016 年财务收入利润总额区域变化

（一）从总体变化角度分析

与前一年相比，2015 年增长率为 -0.26%，2016 年增长率为 75.94%，平均增长率为 37.84%，由此可见，我国工程造价咨询企业实现利润总额呈增长态势，2016 年增速较大，但 2015 年利润总额呈现小幅下跌。

（二）从区域变化角度分析

2014～2016 年，华北地区除山西外的各省份利润总额平均增长率都为正，且增速大幅提升，而山西利润总额却大幅下降，增长率由 2015 的 -12.4% 跌至 2016 年的 -68.29%；在东北地区，辽宁利润总额由下降转为上升，发展势头变好；华东地区各省份利润总额平均增长率都为正，且大体呈现增速加快的现象，尤其是江西，2015 年利润总额下降 0.01%，但 2016 年猛增 78.45%；华中地区利润总额均呈稳步增长态势，且增速加快；在华南地区，广西平均增长率最高为 172.35%；在西南地区，除重庆外各省利润总额平均呈增长态势，重庆 2015 年增长率为 11.51%，2016 年却下降 36.72%；在西北地区，各省利润总额只有甘肃、青海呈稳步增长态势。

第六章

行业存在的主要问题、对策及展望

第一节 行业存在的主要问题

一、市场化计价依据体系有待完善

近年来，工程造价管理市场化改革在各方努力下取得了一定成效，2016年营改增计价依据调整工作进展顺利。但市场化工程造价计价依据体系还不完善，尚存在以下问题有待解决：

（1）与清单计价模式匹配的评标办法仍然有待完善；企业定额尚未普及，清单计价优越性未得到充分发挥。

（2）全过程造价管理各阶段和工程发承包各层次的计价依据覆盖不全面；对绿色建筑、装配式建筑、海绵城市、综合管廊等新工程领域计价依据的发布和推行工作还不到位。

（3）计价信息发布不及时。对政府编制的计价依据依赖较大，定额动态更新较慢；工程造价信息服务缺乏统一规划，价格信息发布无法满足市场需求；人工单价改革有待进一步落实，费用构成和动态调价体系尚不完善。

二、企业规模化发展亟待推进

工程造价行业"十三五"规划明确提出要推进工程造价咨询企业规模化、综合化和国际化经营。"十三五"规划对工程造价咨询领军企业提出了明确的发展方向。面对行业新形势，工程造价咨询企业规模化发展亟待推进，企业发展过程

中存在的以下共性问题需引起高度重视：

（1）规模化发展的企业数量少。统计数据显示，2016年专营工程造价咨询企业数量占工程造价咨询企业总数的比例为26.68%；2016年排名前百位的工程造价咨询企业营业业务收入占工程造价咨询企业总营业收入的比例为8.77%；收入排名第1位的企业收入占总营业收入的比例为0.27%；收入排名第100位的企业收入占总营业收入的比例为0.05%。上述数据表明，目前我国工程造价咨询行业内专业从事工程造价咨询的企业数量相对较少，行业集中度较低，企业收入水平普遍较低。从目前情况来看，行业内企业规模普遍较小，达到一定规模的领军企业数量较少，企业实施规模化发展的基础相对薄弱。

（2）企业业务覆盖不全面。第一是全过程造价咨询业务分布不均衡：目前工程造价咨询企业业务，从阶段上看主要集中于项目建设后期的造价控制，从内容上看多从事招标控制价和预结算编制及审查等工作，而全过程造价咨询服务涵盖了从项目投资估算、设计概算、招标控制价、合同管理、支付索赔及纠纷处理、工程结算及竣工决算等项目全寿命周期各阶段的造价服务，目前的业务范围对企业而言难以创造更大的收入来源，对行业而言企业又远远没有发挥出应有的职能。第二是新领域造价咨询业务拓展不够充分：当前建筑产业化、绿色化、智能化趋势以及综合管廊、海绵城市等新兴工程隐含了巨大的高端造价咨询业务空间，但企业还没有引起足够重视，提供相关服务的机构较少并且水平参差不齐。第三是面对上述业务发展空间，许多工程造价咨询企业由于自身技术水平有限、专业资质不够、缺乏营销能力等原因而在拓展业务方面力不从心。

（3）企业规模受到限制。第一是企业资质认定的限制：工程造价咨询企业资质认定中规定，申报甲级资质需满足企业出资人中注册造价工程师人数不低于出资人总人数的60%，且其出资额不低于企业注册资本总额的60%，该标准对出资人的执业资格和资金水平提出了较高要求，而这双60%的比例与公司上市要求中的公众持股比例条件又对企业的股东结构形成双重约束，从而阻碍了大型企业上市和集团化发展。第二是边际成本的限制：企业进行规模化发展时，拓展一项新业务就要投入相应的资源，不同基础的企业发展新业务的边际成本有差异，从而在是否进行规模化发展上出现分化。

三、人才队伍建设有待加强

一是业内人才培训更多强调业务技能的提升，职业道德教育相对弱化，导致一些从业人员职业道德意识淡薄，缺乏自我约束，责任感不强。

二是存在挂靠、兼职等不规范行为。部分从业人员没有执业资格，而一些有执业资格的人员不参与实际业务，导致工作能力难以提升，实践经验得不到积累，形成能力与资格不匹配的恶性循环。

三是新型复合型人才匮乏。当前 BIM 技术给造价工作带来了巨大变革，算量和套价等基础技能逐渐被新技术取代，但从业人员知识结构还比较单一，缺乏法律、金融、国际商务等方面的综合知识，难以胜任投资分析、国际工程造价管理和索赔等工作。随着高端业务市场的不断扩大，现有从业人员受限于知识水平很难向新领域拓展，企业发展出现瓶颈，不能满足市场需求，也与国际化要求差距较大。

四、市场主体行为仍不规范

一是低价恶性竞争仍然严重。从 2014 ～ 2016 年行业整体实现的利润总额变化情况可见，2014 年增长率为 25.45%，2015 年增长率为 0.04%，2016 年增长率为 75.41%，利润总额变化情况不太稳定，尤其是 2015 年几乎为零增长。目前的竞争格局是行业集中度低，服务同质化严重，中小企业业务量有限，市场内部缺乏质量评价体系，行业监管力度不足，部分企业不注重提升业务质量，反而通过找关系、打招呼等方式招揽业务，甚至不惜互相压价，最后不得不靠降低服务质量来维持收支平衡，影响企业发展并严重拉低行业利润水平和业务水平。

二是地区壁垒和行业垄断依然存在。部分地区在招投标过程中针对外地企业设置了准入限制，包括设置审批和备案事项、收取没有法律依据的费用或保证金、强制扣押外地企业人员证件资料、提高外地企业承揽本地业务的资质等级标准、设置外地企业在本地的获奖标准等行为，不利于形成统一开放的工程造价咨询市场，不利于当地企业培育真正的市场竞争力。

三是业务委托方存在违反契约精神行为。一些业主利用市场地位不对等的条件不按建设程序办事，逃避相关手续的办理责任，变相压缩咨询业务内容；一些业主为了减少咨询费用，强迫咨询单位订立阴阳合同，或者委托多家企业开展同一咨询业务，后期随意压缩咨询业务进度，不按合同约定支付费用，无限制地降低收费标准，加重行业内无序竞争现象。

五、区域发展仍不平衡

对近两年各地区工程造价咨询企业业务收入、企业数量和人员结构对比分析结果显示，工程造价咨询行业区域发展仍不平衡。在企业业务收入方面，东北和华中地区增长趋势领先，其他地区基本保持稳定增长，但华北和西北地区出现负增长现象。从区域内情况看，西北地区标准差系数较大，表明区域内各省市差异较大，存在发展不平衡现象。在企业数量方面，华东和华南地区工程造价咨询企业数量相比 2015 年增长较大，其余地区也有不同幅度的增长，但西北和华北地区出现企业数量减少的现象。在人员结构方面，各地区注册造价工程师数量呈现增长趋势，华南和西北地区增长率领先，但华北地区出现负增长。

第二节　行业应对策略

一、夯实企业规模化发展基础

（一）提高企业核心竞争力

工程造价咨询企业应全面审视其业务格局和资源分布，了解自身业务专长，分析市场对工程造价咨询各类业务在需求空间和业务标准上的变化趋势，根据专业优势和市场形势适当进行业务整合重组，集中发展重点业务，加大资源投入和技术创新，提高企业核心竞争力，在现有业务中扩大竞争优势，为企业规模化发展提供可靠保障。

（二）制定企业规模化发展策略

在具备核心竞争力的基础上，工程造价咨询企业应基于现有业务基础理性地制定业务拓展策略。首先，基于企业人才资源确定业务拓展方向，根据具备的是技术型人才、创新性人才还是跨专业人才，来选择向全过程造价咨询、新工程领域造价咨询以及金融法律等方向进行业务拓展。其次，基于企业目标确定发展路线，选择拓展高端业务走差异化路线或者选择扩大业务覆盖范围走多元化路线。最后，制定合适的发展规划，分阶段地实现业务拓展，注重在发展过程中及时总结经验和调整策略，做好每一步的承接工作，保障企业规模化战略稳步推进。

（三）完善企业组织管理框架

工程造价咨询企业应围绕规模化发展建立合理的组织结构和规范化的管理制度，充分考虑未来多方位、多层次的造价咨询业务拓展。企业应设计合理的组织结构处理好各个部门、各项业务和各类人员的关系层次，减少职能交叉带来的矛盾，保障各部门有效协作。企业还需要建立相应的管理制度，加强内部控制，促进工程造价咨询服务规范化和标准化，提升咨询服务质量。

（四）提升企业营销能力

在业务能力相对全面、业务质量达到较高标准的条件下，工程造价咨询企业需要提升营销能力来拓展市场。一是经营好现有客户资源，在良好的业务往来中培养客户忠诚度，占据潜在需求市场。二是增强品牌意识，坚持业务质量要求，积极关注各类咨询业务信息发布平台，洞悉市场机遇，努力提高企业信用评定等级，营造良好企业形象，树立口碑进行推广。

（五）重视复合型人才培养

工程造价咨询企业规模化发展和业务拓展，不是资源和人力的简单叠加过程，而是以人才为核心的创新过程。企业开展新业务应以知识储备丰富、专业技能对口的复合型人才为核心，实现业务创新。在当前的人才形势下，企业应重视内部人才培养，增强内生动力，为企业规模化发展和进一步开拓国际市场做好必要准备。

（六）积极谋求企业合作

在当前信息社会和共享经济背景下，企业规模化发展绝不能仅仅依靠单打独斗获得成功。工程造价咨询企业应以优化重组、强强联合、战略联盟等多种形式充分利用现有资源，弥补市场缺口，共享市场机遇，提升企业规模化效率，扩大行业内规模化战略的辐射范围。

二、深化工程造价管理改革

（一）完善计价模式及计价依据体系

在计价模式方面，完善国有投资工程全过程造价管理制度；继续推行工程量清单计价，明确工程量清单的编制责任，划分招投标过程中各方应承担的责任和风险；简化招投标工作，提高清单和控制价编制的合理性和易用性，降低复核工作量；制定与清单计价模式相适应的评标方法。

在计价依据体系方面，推进人工单价改革，各地对人工单价的发布形式、量价关系等方面应制定细化要求；健全工程造价监测系统；制定适应工程总承包模式的计价依据；完善海绵城市、综合管廊、装配式建筑等领域的计价依据体系。

（二）完善行业监管和自律体系

首先，应加大行政监管力度。加快工程造价咨询行业的法制化建设进程，明确行业法律地位和法律责任，提高咨询成果文件的法律效力。有层次地发布法律规范，兼顾宏观指导性和具体问题的解决，增强普遍适用性。行业主管部门应联合有关机构开展工程造价咨询服务专项检查工作，加大行政执法力度。

此外，应加强诚信体系建设。通过建设"四库一平台"实现信用管理的信息化、动态化、统一化目标。完善信用管理制度，推广信用评价，将评价结果纳入政府信用平台，扩大评价结果的使用和推广力度及影响力。在全国范围内积极开展信用评价活动和信用评价标准的制定。

最后，应健全行业自律体系。要发挥行业协会的主导作用，建立行业自律公约的宣传和监督机制，培养从业人员的职业道德观念。另外，要为自律公约引入辅助机制，如与诚信体系建设相结合，建设企业文化，建立责任赔偿制度，将咨询合同备案和招标控制价备案法制化等。

（三）创新纠纷调解机制

应完善纠纷调解规则体系，落实纠纷调解制度建设，创新纠纷调解机制。加强行政调解和行业组织、仲裁等机构的联动，发挥行业协会的基础性、专业性优势，积极开展纠纷调解工作，提高纠纷调解效率。

（四）完善资格管理制度

对于企业资质，应放宽准入门槛，制定更具科学性的资质标准，健全企业的信用考核、奖惩制度和退出机制，实行优胜劣汰，消除地方、行业壁垒。对于个人执业资格，应建立健全执业考评机制，提高资格考试标准和要求，创新继续教育模式。

三、推动行业国际化发展

（一）加快融入国际规则体系

深入理解国际规则，有助于工程造价咨询行业找准发展方向。应积极开展国际工程项目管理咨询模式和国际市场交易标准等相关研究，加快熟悉国际规则，结合国内外现状差异，制定精准的企业国际化发展战略。

积极参与制定国际规则，有助于国内工程造价咨询行业提升国际影响力。应积极开展对外交流与合作，依托国际性学会或协会的会议活动等方式进行学术交流，熟悉海外市场形势、拓展海外业务。推进国内外专业人才的协会间资格互认工作，提高国内从业人员的国际竞争力。

（二）推动执业资格制度与国际接轨

当前，除了国际化形势的冲击，行业还面临着信息技术发展和项目融资管理模式变革带来的挑战，我国工程造价咨询专业人员必须适应新变化以达到国际化要求，这就需要尽快完善我国工程造价咨询执业资格制度，与国际执业资格认证体系接轨，提高对新进人员取得执业资格的标准，通过调整和优化等级设置、严格审核报考条件、细化专业划分等内容，完善造价工程师执业资格制度，为行业引入更具国际化潜力的复合型人才。

（三）促进企业对外开放

行业上下应为工程造价咨询企业"走出去"给予政策引导和支持。加大对外市场开发力度，培育领军企业"走出去"能力，鼓励企业开拓国际市场。扶持大型企业进行上市或集团化发展，形成一批有品牌、有规模、有能力的国际咨询企业，做大做强国内工程造价咨询行业。

工程造价咨询企业应提高进军国际市场的主动性。企业应积极关注海外市场，积极搜寻海外项目信息及业务特点，多与国际优秀工程咨询企业交流合作，学习其企业管理先进经验。另外，企业应注重培养具有国际视野的复合型人才，作为企业进军海外市场的核心力量。个别企业可通过兼并收购国外咨询企业等形式扩展海外业务，加快形成以设计管理、工程项目管理为核心的工程咨询公司。

四、促进行业党建和文化建设

（1）在工程造价咨询企业层面，加强党建工作有助于企业树立理想信念、增强凝聚力和传递正能量，应引导企业采取单独组建、区域联建、行业统建等方式建立基层党组织，扩大党组织的覆盖面，正确引导行业政治方向，开创企业党建工作新局面，实现党建工作与工程造价咨询行业发展的良性互动。

（2）在工程造价咨询活动层面，应努力把党的活动融入执业活动的全过程，发挥党员先锋模范作用，推动行业科学发展进程。在工作中秉承科学发展、以人为本的工作思路，采取统筹兼顾、循序渐进的工作方法，发扬锐意创新、求真务实的工作作风，结合行业新形势，努力解决新问题。

（3）在社会影响层面，要充分发挥党组织在促进行业发展、服务群众、促进社会和谐等方面的作用，营造良好行业形象。一是以推进行业廉政建设为切入点，督促企业做到规范执业、诚信经营、廉洁守法，营造良好的执业环境。二是将行业党建工作与诚信体系建设有机结合，增强行业自律意识，推动行业健康发展。

（4）在文化建设方面，应注重以行业党建引领行业文化建设。一是促进企业文化建设，切实增强职工的归属感、幸福感和获得感，保持人才队伍稳定，提高企业核心竞争力，推动企业持续发展。二是不断丰富行业文化内涵，带动各级企业和组织积极开展形式丰富的特色文化建设活动，形成行业上下齐心协力抓党建的文化氛围，使行业焕发新的活力。

第三节　行业发展展望

一、完善行业管理制度

（1）实现工程定额编制的市场化。计价模式及计价依据的市场化思路是"统一量，放开价，指导费"，应鼓励各级标准定额主管部门通过政府购买服务等多种方式编制工程定额，提高定额编制的科学性和及时性。鼓励编制企业定额，提高企业竞争力，形成多元化、市场化的工程定额体系。

（2）完善备案制度和信用档案制度。深化招标控制价和造价咨询合同备案制度，出台相关法规，实现备案系统网络化管理，促进各区域备案信息的交流和查询。健全机构和个人信用档案制度，建立信用平台，向公众进行信息披露。

（3）完善风险管理制度。加强执业责任风险制度建设，对个人行为风险进行控制，约束执业人员行为，同时保障其合法权益。这些举措将有助于行业合理转移职业风险、树立行业信誉、规范行业自律。因此，要不断完善工程咨询保险制度，推行工程咨询强制保险。

（4）建立企业服务质量评价体系。针对低价恶性竞争现象，建立行之有效的质量评价标准和评价方法，定期或不定期开展业务质量评价活动，并向公众发布评价结果，有效区分工程造价咨询服务水平，保障优质企业不受业内不正当竞争行为的影响，引导行业形成优质优价的市场竞争环境。

二、发挥协会服务职能

在当前"去行政化"背景下,应深化行业协会的脱钩改制工作,形成政府指导、行业自律的格局,充分发挥行业协会的服务职能,做好行业信息平台的建设和维护工作,努力推动行业信息化建设,提供多元化信息服务;积极开展行业交流活动,以培训班、研讨会、交流会等形式丰富活动内容。完善企业资质和人员资格服务,做好企业资质申报、复核、变更和造价工程师注册、变更、继续教育工作。加强行业自律,督促各机构和人员严格遵守行业行为准则。

在企业规模化发展过程中,要发挥市场监督、扶持优秀企业发展和引导企业创新的作用。在全过程造价咨询模式推广过程中,要积极推动计价依据体系的完善,把握好向全面造价管理拓展的时机。在行业国际化发展过程中,要积极开展对外交流活动,吸收国外行业协会服务企业的先进经验,为企业提供海外市场信息和市场机会,引导企业"走出去"。

三、引导市场多元化发展

(一)建立现代企业制度,促进企业规范化发展

工程造价咨询机构要获得长足发展,必须要以建立现代企业制度作为运营管理的基础。企业制度的核心是产权制度、组织形式和经营管理制度,现代企业制度则是同时具备产权清晰、权责明确、管理科学的新型企业制度。工程造价咨询企业应明确以研究开发为导向、以人才管理为基础、以质量控制为核心,注重分工协作机制、用人制度和激励机制的设计。

(二)完善企业规模和业务层次格局,优化市场结构

由于工程造价咨询企业的现有水平不尽相同,应鼓励各种规模的企业制定不同层次的发展目标,选择适合自身的发展路线,形成业务领域各有侧重、市场定位各有特色、市场竞争公平有序的行业格局。

大型企业应向规模化、综合化和国际化经营方向发展,完成"十三五"规划

中"打造 20 家可承接国际工程咨询业务、产值过 10 亿的大型企业，100 家可承担以造价管理为核心综合工程顾问业务、产值过亿元的大中型企业"的目标。中小型企业可在强化基本造价咨询服务质量的基础上向专业化、精细化方向发展，打造细分领域内的核心竞争力，注重开展各级业务的差异化服务。要发挥大型企业的市场集聚能力和中小型企业的市场填补功能，全面覆盖市场需求，形成大中小规模企业并存、高中低层次业务齐全的多元化市场格局。

（三）注重企业品牌和企业文化建设，正确引导企业价值观

工程造价咨询企业的产品是为委托方提供项目建设各阶段的造价咨询服务，企业应以提升服务质量为核心来增强客户满意度，以客户需求为导向提升客户认同感，实现品牌效应。在打造品牌企业的过程中，工程造价咨询企业应努力建立与客户的长期合作关系、拓展业务覆盖范围以及注重服务优化与创新，加强客户沟通并完善内部绩效评价体系，同时行业内可建立品牌价值认证体系，辅助市场需求方识别标杆企业。另外企业要营造积极的文化氛围，强调员工的创新能力和责任感，形成正确的价值观并维持内在活力。

（四）延伸行业产业链，开展以造价为核心的项目管理服务和全过程工程咨询

工程造价咨询应渗透到项目建设的各个阶段，联合其他专业丰富造价咨询业务的内涵。目前在预结算编制审核、全过程造价控制等方面的业务已较为成熟，未来可以对产业链进行延伸。比如向前延伸可以承接方案策划及优化、政府采购和招标代理等业务，加强前期造价管理；向中端延伸可以承接工程项目管理、工程顾问、合同管理等业务，加强对项目要素的控制；向后延伸可以承接资产评估、运维管理等业务。

四、提升行业信息化水平

（一）完善工程造价信息网络

建立全国统一的工程造价信息网络，以工程造价信息服务平台开发为基础，

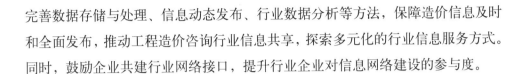

完善数据存储与处理、信息动态发布、行业数据分析等方法，保障造价信息及时和全面发布，推动工程造价咨询行业信息共享，探索多元化的行业信息服务方式。同时，鼓励企业共建行业网络接口，提升行业企业对信息网络建设的参与度。

（二）优化软件和技术体系

当前出现的软件产品种类繁多，质量参差不齐，给企业选择带来困难。行业应制定严格的产品要求以规范信息技术市场，开发统一的数据交换标准来提高不同软件产品的交互性和通用性。同时企业应基于自身业务特征和发展定位，明确软件和信息产品采购的内部标准，加快实现企业业务流程处理电子化。

（三）促进企业管理信息化

企业内部应建立集成化信息系统，注重完善数据交互规则和管理权限划分，提高管理效率，提升全过程造价管理能力，提高与工程项目其他参与方的协同能力，提升工程造价咨询服务的科学性和规范性。

（四）加强知识资源开发利用

工程造价咨询企业应提高知识产权意识，加强内部业务流程分析及对计价成果数据的收集与挖掘，建立数字化的内部资料库和数据平台，将历史经验转化为数据知识，为后续服务提供支撑，促进大数据技术在行业中的应用。

五、优化人才队伍建设体系

（一）完善人才选拔培养体系

工程造价咨询行业应建立学历教育、执业资格和继续教育三方联动的人才选拔培养体系，以适应当前复杂的市场需求和对从业人员的更高要求。

在学历教育方面，行业应加强对开设工程造价相关专业高等院校的教学指导，积极开展专业认证和评价工作，协助制定培养方案和优化课程设置，鼓励开设建设领域前沿课程，支持高等院校加强与海内外咨询企业和研究机构的交流合作，促进产学研一体化。学历教育具有专业化和系统化特征，高等院校是行业培养综合人才的主要阵地。

在执业资格方面，要进一步加强造价工程师考试管理，提高对造价工程师考试的资质审核和考试要求，确保执业资格的获取规范有效。执业资格具有统一性和权威性，执业资格考试是把握从业人员水平的重要环节。

在继续教育方面，应注重行业统一的继续教育与企业自发组织的内部培训相结合，紧跟行业热点和政策，开展专题讲座、系列课程等活动，使继续教育既具有一定的理论高度又具有实际意义，作为在职人员补充专业知识的重要途径，继续教育应具有自发性和灵活性。

（二）完善从业管理配套制度

对工程造价咨询从业人员在执业过程中的行为，应建立完善的从业管理配套制度进行约束和激励。对在职人员的执业资格应进行资质复核，建立执业档案对个人业绩成果及信用表现等内容加以记录；应设置科学严格的能力考核指标体系和评价等级，组织定期或不定期的造价工程师执业能力考核，建立与考核相适应的奖惩机制，对造价工程师的执业情况给予直接反馈。

（三）强化协会会员服务

各级协会应注重从服务、技能和权益等方面为从业人员创造良好执业环境。做好造价工程师和造价专业人员的个人会员发展工作，落实会员管理相关办法，加强行业自律，完善协会内部治理。针对行业热点难点组织行业培训和业务交流，推广先进业务经验，引导行业发展方向，为协会会员提供高质量的专业服务和交流平台。做好人才评选和优秀人才推荐工作，辅助完善工程造价咨询人才队伍建设。关注会员需求，维护造价工程师合法权益。

（四）深化职业道德教育

工程造价咨询从业人员维护的是社会公共利益，应加强执业道德教育，培养从业人员的职业责任感和自律意识，保障人才队伍健康发展。贯彻和完善企业及个人行为准则，鼓励企业自主建设诚信体系和内部规范，从业人员要严格遵守法律法规，正确应用计价标准依据，对咨询成果质量负责。

（五）优化人才队伍层次结构

在当前市场形势下，工程造价咨询行业应重视人才结构调整，在增加人才总量和提高人才质量基础上，优化高中低层次人才配置，与市场多元化需求相适应，使各层次人才各司其职、各尽其能，在工作中充分发挥其价值。对不同职位设置更加细化的岗位要求，使业务层次与人员资质相匹配，基础性工作要强调业务操作的熟练程度和规范性，高端业务要强调综合素质和创新思维。

第七章

国际工程项目管理模式研究及应用专题报告

伴随着全球经济一体化和我国推行一带一路政策的发展趋势，我国国际化项目将会越来越多，我们有必要重新审视工程造价管理的内涵和发展方向，让国内的造价咨询企业了解发达的市场经济国家工程管理、工程造价管理的模式与内容，重新认识进一步市场化后，私人主导融资（PFI）、公私合营（PPP）等新型融资模式，设计—建造模式（DB）、设计—采购—施工（EPC）等建造模式，以及不同工程项目管理模式下的工程造价咨询业务和造价工程师的工作定义，给我国工程咨询企业开展国际工程项目管理提供指引和借鉴。

一、国际工程项目常见的管理模式

在国际上，各个国家、各个国际组织、学会、协会以及专家学者对工程项目管理模式分类不尽相同，按照工程项目的合同关系、组织管理关系、融资方式将这些模式进行分类如下：

（1）按照工程项目的合同关系分类，常见的项目管理模式有设计—招标—建造模式（DBB）、设计—建造模式（DB）和项目集成交付模式（IPD）。其中设计—建造模式（DB）又有以下几种类型：通用的设计—建造（Design–Build, DB）模式、设计—管理模式（Design–Manage, DM）、更替型合同模式（Novation Contract, NC）、设计—采购—施工／交钥匙模式（EPC/Turnkey）。

（2）按照工程项目的组织管理关系分类，常见的项目管理模式有建筑工程管理模式（CM）、项目管理模式（PM）、项目管理承包模式（PMC）。其中建筑工程管理模式（CM）又有代理型 CM 模式和风险型 CM 模式。

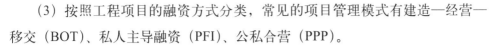

（3）按照工程项目的融资方式分类，常见的项目管理模式有建造—经营—移交（BOT）、私人主导融资（PFI）、公私合营（PPP）。

此外，国际上常见的项目管理模式还有 partnering 模式，Partnering 模式不是一种独立存在的模式，在工程建设中通常要与 DBB、DB、CM 等其他一种项目管理模式结合使用。

（一）按照工程的合同关系分类

1.设计—招标—建造模式 Design–Bid–Build（DBB）

DBB 模式是一种传统的项目管理模式，在该模式下，业主将设计、施工分别委托给不同的单位，DBB 模式最大的特点是工程项目实施的顺序按照设计（D）—招标（B）—建造（B）的顺序，设计完成后才开始招标，招标完成后进行施工。DBB 模式由业主和设计单位签订专业设计合同，由业主自己或业主聘请的咨询顾问负责项目前期的工作，包括前期策划和可行性研究，项目立项后，设计方进行设计工作，设计完成后，进行施工招标准备，DBB 模式下，业主在设计单位的协助下，选择报价最低或者综合能力最强的投标人作为施工总承包商，签订施工总承包合同。然后再由施工总承包商分别与设备供应商、材料供应商、工程分包商签订相应的分包合同。工程建设各参与方对这种传统模式的相关程序都很了解，因此合同管理相对比较简单，有标准化的合同关系。DBB 模式的组织结构图如图 7-1 所示。

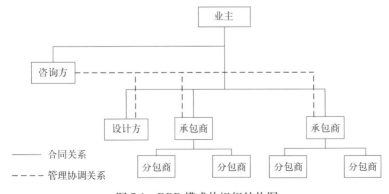

图 7-1　DBB 模式的组织结构图

2.设计—建造模式 Design–Build（DB）

1）通用的设计—建造（Design–Build，DB）模式

通用的设计—建造模式是一种简练的工程项目的管理模式，在这种模式下业主方首先聘请一家专业咨询公司为其研究拟建项目的基本要求，在招标文件中明确项目完整的工作范围，在项目原则确定后，业主只需选定一家公司对项目的设计/施工进行总承包。这种模式在投标时和签订合同时通常以总价合同为基础，但允许价格调整，也允许某些部分采用单价合同。总承包商可以利用本公司的设计和施工力量完成一部分工作，也可以招标选择设计或施工分包商。DB 模式的组织结构图如图 7-2 所示。

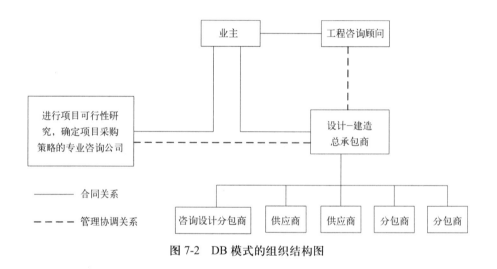

图 7-2　DB 模式的组织结构图

2）设计—管理模式（Design–Manage，DM）

设计—管理模式通常是指由同一实体向业主提供设计，并进行施工管理服务的工程项目的管理模式。业主只签订一份既包括设计也包括管理服务在内的合同，设计公司与管理机构为同一实体，此实体也可以是设计机构与施工管理企业的联合体。

设计—管理模式可以通过两种形式实施（图 7-3）：

形式一：业主与设计—管理公司和施工总承包商分别签订合同，由设计—管理公司负责设计并对项目实施进行管理。

形式二：业主只与设计—管理公司签订合同，再由该公司分别与各个单独的分包商和供应商签订分包合同，由他们负责施工和供货。

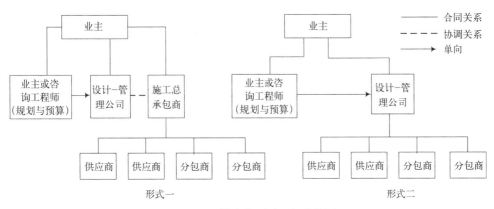

图 7-3　DM 模式的两种组织结构图

3）更替型合同模式（Novation Contract，NC）

更替型合同模式即业主在项目实施初期委托某一咨询设计公司进行项目的初步设计（一般做到方案设计或更多），当这一部分工作完成（根据不同类型的建筑物，可能达到全部设计要求的 30% ~ 80%）时，业主可开始招标选择承包商，承包商与业主签约时的内容，除施工外，还包括承担全部未完成的设计工作，并规定承包商必须与原咨询设计公司签订设计合同，完成剩下的一部分设计。此时，咨询设计公司成为设计分包商，对承包商负责，由承包商对设计进行支付。组织结构如图 7-4 所示。

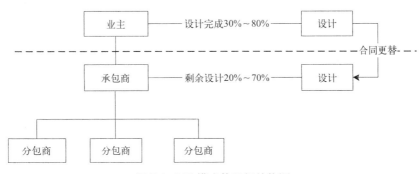

图 7-4　NC 模式的组织结构图

4）设计—采购—施工／交钥匙模式（EPC/Turnkey）

EPC（Engineering procurement construction）模式，即承包商向业主提供包括设计、施工、设备采购、安装和调试直至竣工移交的全套服务，有时还包括融资方案的建议。EPC 模式的组织结构图如图 7-5 所示。

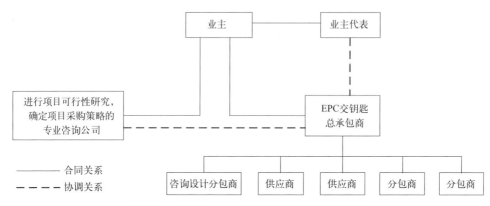

图 7-5　EPC/Turkey 项目管理模式组织结构图

EPC 主要应用于以大型装置或工艺过程为主要核心技术的工业建设领域，如通常包括大量非标准设备的大型石化、化工、橡胶、冶金、制药、能源等项目，这些项目共同的特点即工艺设备的采购与安装和工艺的设计紧密相关，成为投资建设的最重要、最关键的过程。

3. 集成项目交付（Integrated Project Delivery，IPD）模式

在美国等发达国家，BIM 系列软件已经逐步普及并运用，IPD 模式实现高度协同的重要技术支撑便是依托于 BIM 平台。在 IPD 模式中，从项目的前期策划、设计、施工、设备安装到最终的项目竣工交付，业主、设计单位、总承包单位、咨询单位、分包单位等各参与方通过高效地协作，进而达到工程项目目标的整体实现。

（二）按照工程项目的组织管理关系分类

1. 建造管理模式 Construction Management（CM）

（1）CM 模式的概念

建设工程管理模式又称阶段发包模式（Phased Construction Method）或快速

轨道方式（Fast Track Method），这种模式采用的是"边设计、边发包、边施工"的阶段性发包方式。CM 模式的工程实施示意图见图 7-6。

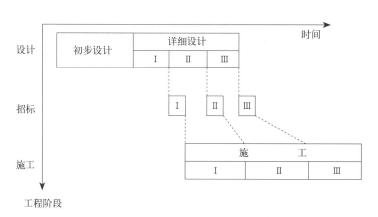

图 7-6 CM 模式工程实施示意图

（2）CM 模式的分类

根据合同关系的不同，分为代理型（CM/Agency）和风险型（CM at risk）两种模式。代理型 CM 模式中 CM 单位只是业主的咨询单位，为业主提供 CM 服务，业主直接与多个分包商签订工程施工合同。风险型 CM 模式，是由 CM 单位与各分包商签订合同，业主一般不与分包商签订合同，CM 单位向业主保证最大工程费用 GMP，若实际工程费用超过 GMP，则超出部分由 CM 单位负责。

CM 模式的组织结构图见图 7-7。

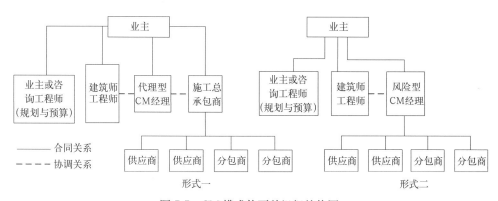

图 7-7 CM 模式的两种组织结构图

2. 项目管理模式 Project Management（PM）

PM 模式是指按照 PM 合同约定，业主委托工程项目管理企业（PM 公司）代表业主对工程项目进行若干阶段或全过程的管理和服务。PM 公司职责的范围包括项目的前期策划、可行性研究、设计管理、招标及采购管理、施工管理及竣工验收和试运行等各项工作。业主可以根据自身的情况对 PM 公司的委托范围随时进行调整，PM 公司依照 PM 合同约定开展工作，并承担相应的责任。PM 模式的组织结构图如图 7-8 所示。

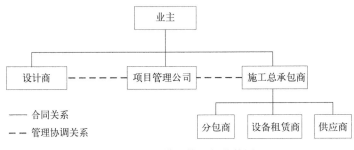

图 7-8　PM 模式的组织结构图

3. 项目管理承包模式 Project Management Contracting（PMC）

PMC 模式是指业主通过招标的方式选择一家有实力的项目管理承包商或几家公司组成的联合体（简称 PMC 公司），业主聘请 PMC 公司对项目的全过程进行管理。PMC 公司先与业主签订 PMC 合同，然后再与各分包商签订分包合同。在这种模式下，由 PMC 公司负责对工程项目进行全过程计划、组织、管理、协调、控制，为业主提供全过程管理服务，而工程项目的具体实施则交由各分包商完成。在 PMC 模式下，业主只需保留很小部分的管理权力，管理工作简单，同时业主保留对一些关键问题的决策权，PMC 公司负责绝大部分的项目管理工作。PMC 模式的组织结构图如图 7-9 所示。

（三）按照工程项目的融资方式分类

1. 建设—经营—转让模式 Build–Operate–Transfer（BOT）

BOT（Built Operate Transfer）模式，即"建设—经营—转让"模式，政府

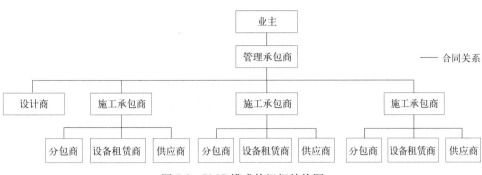

图 7-9　PMC 模式的组织结构图

与私营机构形成一种"伙伴"关系，通过提供一定期限的特许权协议，将本应由政府承办的公共基础设施建设交给私营机构负责，由私营机构负责项目的融资、建设、经营和维护，并根据特许权协议在规定期限内经营项目获取利润，特许期结束后，将项目完整地、无偿地交还给政府。特许权协议在 BOT 模式中占有关键性的地位，因此 BOT 模式也称为"特许权融资"模式。BOT 的典型组织结构图如图 7-10 所示。

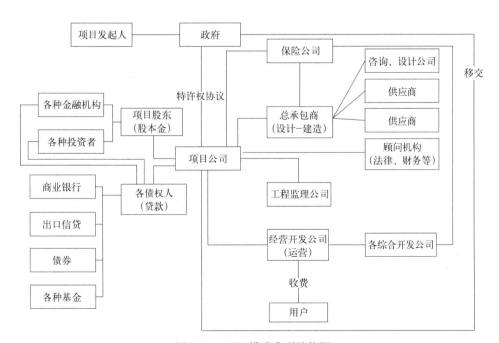

图 7-10　BOT 模式典型结构图

2. 私人主导融资（Private Finance Initiative，PFI）

在英国，PFI 项目，政府不再是公共设施的长期所有者，而主要是使用者。通常，政府部门提出拟建公共设施和拟获得服务的明确标准，由私营部门负责项目的融资、建造和运营。

根据英国的实践，PFI 大体上可以分为三类：

1）私营部门经济上自立的项目（Free-Standing Projects）

公共部门从规划的角度确定对项目的要求，并向私营部门授予特许经营权。私营部门完全依赖向使用者的收费回收投资、赚取利润，项目最终是否移交政府取决于是采用 BOT 还是 BOO 方式。

2）合资经营（Joint Ventures）

公共部门和私营部门共同出资、分担成本，其中公共部门的出资可以包括提供特许贷款、参股、固定资产入股等，或上述方式的结合。私方伙伴通过竞争方式产生，对项目拥有主导控制权。

3）向公共部门出售服务（Services Sold to the Public Sector）

由私营部门融资、建成项目并提供服务，费用补偿（包括成本和利润）依靠向公共部门的收费。此处公共部门指政府和 / 或使用单位（如学校等），按一定比例缴纳费用。

3. 公私合营（Public Private Partnership，PPP）

欧盟委员会将 PPP 定义为公共部门和私营部门之间的一种合作关系，双方根据各自的优劣势共同承担风险和责任，以提供传统上由公共部门负责的公共项目或服务。

BOT、PFI、PPP 这三种模式本质上都是狭义项目融资，而 PPP 概念更为广泛，反映更为广义的公司合营长期关系（如共享收益、公担风险和社会责任），特别是在基础设施和公共服务（如医院、学校等）；PFI 更强调的是私营企业在融资中的主动性和主导性。相对而言，BOT、PFI 的概念更强调政府发包（采购）项目的方式，而 PPP 则更强调政府在项目公司中的所有权。

（四）其他项目管理模式

Partnering（伙伴关系）模式起源于 20 世纪 80 年代中期的美国，是国际上一种先进的工程项目管理模式。是指工程项目的各个参与方，改变了以往的对立局面，通过签订 Partnering 协议做出承诺和组建工作团队。在项目实施的过程中，以实现项目各参与方的整体利益为目标，建立完善的协调和沟通机制，强调合作与信任，以实现合理分担风险、友好解决矛盾的一种项目管理模式。 Partnering 模式不是一种独立存在的模式，在工程建设中通常要与 DBB、DB、CM 等其他一种项目管理模式结合使用。

二、国际工程项目管理模式选择

（一）国际工程项目管理模式选择方法

在深入分析国际工程项目管理模式影响因素、确定原则的基础上，总结出国际工程项目管理模式的两种选择方法：经验判断法和层次分析法。下面具体论述这两种方法。

1. 经验判断法

经验判断法是在充分熟悉各个国际工程项目管理模式的基础上，根据项目的性质与规模、项目目标控制力度、业主方工程项目能力、项目资金情况、项目地域性以及合同方式这六个方面进行经验判断，快速分析判断出该项目适合采用的项目管理模式候选方案。

首先，根据项目资金状况判断是否需要采用 BOT、PFI 或 PPP 三种融资模式之一，如果需要采用，根据项目性质等判断需要采用的具体融资模式；其次，根据业主方工程项目能力判断是否需要采用 CM、PM 或 PMC 三种组织与管理模式之一，如果需要采用，根据项目性质和规模、项目目标控制力度等判断需要采用的具体组织与管理模式；最后，根据项目的性质和规模、项目目标控制力度、项目地域性特点、项目合同方式等判断 DBB、DB、EPC 这三种合同方式的选用。具体步骤如下：

步骤一：确定根据融资方式分类的 BOT、PFI、PPP 三种项目管理模式的选用。

（1）根据项目资金情况进行经验判断

如果业主资金缺乏，尤其是政府面临资金匮乏，需要引进社会资本进行融资，可考虑采用 BOT、PPP 或 PFI。否则不需要采用依靠社会资本融资。

（2）根据项目性质进行经验判断

如果确定需要引进社会资本进行融资，BOT 一般适用于赢利性公共设施项目，以便通过运营期的收费来偿还债务资金。PFI/PPP 应用领域较 BOT 扩大，既适用于赢利性公共设施项目，又为私营资本进入非营利性公共设施项目开辟了更广阔的途径，政府通过长期租用协议或建成后使用期的补贴等方式予以有力的支持。

综上所述，模式选取的流程图见图 7-11。

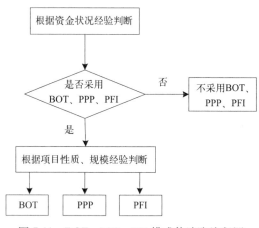

图 7-11　BOT、PPP、PFI 模式的选取流程图

步骤二：确定根据组织管理方式分类的 CM、PM、PMC 三种项目管理模式的选用。

（1）根据业主方工程项目能力进行经验判断

1）业主的项目班子有类似工程的丰富建设经验，同时拥有较强的专业技术力量和较高的项目管理水平，则业主可采用自行管理的模式，可不需要委托项目管理公司进行管理。

2）当业主具有多个项目，或者业主方项目管理人员缺乏经验，管理能力不足时，可以委托专业的项目管理公司进行项目管理服务，可采用 CM、PM 或 PMC 模式。

（2）根据项目的性质、规模进行经验判断

当业主确定委托项目公司对项目进行管理时，可以根据项目的性质、规模判

断采用哪种模式。

1）CM 模式适合复杂项目和工期紧的项目；不适合技术简单、图纸已完成、设计标准化、工期短的项目。

2）PM 模式适合简单项目和复杂项目，项目复杂时，要求项目管理公司有相当的管理经验。

3）PMC 模式适用于复杂的设备安装，或包含大型设备制造安装的综合性工程项目，很少在道路、桥梁、房屋建筑等以土建工程为主的基建项目采用。

（3）根据项目目标控制力度进行经验判断

当业主确定委托项目公司对项目进行管理时，可以根据项目目标控制要求判断采用哪种模式。

1）建设项目的工期是项目重点控制目标之一

对于一些时间要求相当紧迫的项目，一般可以考虑 DBB 模式加 CM 项目管理模式，因为设计和施工任务经过切割分别捆包成一个个较为独立的单体后，设计与施工有一段搭接关系，采用 CM 项目管理模式，它的指导思想采用"边设计，边施工"的方法，使设计和施工充分搭接，能最大限度地缩短从设计到施工的时间跨度而得到一个最优工期。

PM/PMC 模式下，专业的项目管理公司派出具有丰富工程项目管理经验的项目经理（及其团队）对一个工程项目进行全过程的管理服务，充分发挥项目经理在这方面的优势和经验，可以适时进行分包等，从而对进度实现较好的控制。

2）建设项目的投资是项目重点控制目标之一

风险型 CM 模式，一般业主要求 CM 经理提出保证最高价格（GMP）以保证业主的投资控制，如最后结算超过 GMP，由 CM 经理的公司赔偿，如果低于 GMP，节约的投资归业主，可按约定给 CM 公司一定比例的奖励性提成。采用该模式可有效控制投资。

综上所述，模式选取的流程图见图 7-12。

步骤三：确定根据合同方式分类的 DBB、DB/EPC 项目管理模式的选用。

（1）根据项目的性质、规模进行经验判断

DBB 模式应用广泛，适用于世界银行、亚洲银行贷款项目等大部分项目，

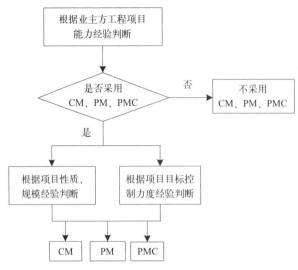

图 7-12　CM、PM、PMC 模式选取的流程图

尤其是适用于一般的普通民用建筑。

DB 模式适用于房屋建筑和大中型土木、机械、电力等项目；适用于规模和难度较大的工程项目；不适用于工程各方面不确定性因素多、风险大的项目；不适用于技术简单、设计工作量少的项目。

EPC 模式主要应用于以大型装置或工艺过程为主要核心技术的工业建设领域，如通常包括大量非标准设备的大型石化、化工、橡胶、冶金、制药、能源等项目；适用于规模大、工期长、技术复杂的大型工程项目。

（2）根据项目目标控制力度进行经验判断

1）建设项目的工期是项目重点控制目标之一

对于一些时间要求相当紧迫的项目，一般可以考虑 DBB 模式加 CM 项目管理模式，因为设计和施工任务经过切割分别捆包成一个个较为独立的单体后，设计与施工有一段搭接关系，采用 CM 项目管理模式，它的指导思想采用"边设计，边施工"的方法，使设计和施工充分搭接，能最大限度地缩短从设计到施工的时间跨度而得到一个最优工期，而且由于 CM 班子的早期介入有利于设计优化、减少工程变更等诸多优点。

可采用 DM 模式，可通过对总承包商或分包商采用阶段发包方式以加快工程进度。

2）建设项目的投资是项目重点控制目标之一

采用 DBB 模式，对工程投资不易控制，特别是在设计过程中对"可施工性"考虑不够时，容易产生变更，从而引起较多的索赔。

采用 DB/EPC 模式，单个承包商对整个项目负责，报价可能较高，但有利于在项目设计阶段预先考虑施工因素，可减少设计错误引起的变更及索赔等。同时总价包干（可调价）业主也可以得到早期的成本保证。

（3）根据地域进行经验判断

尊重地域性特点原则就是业主在选择项目管理模式时，必须充分考虑项目所在地区或国家的地域性。许多国家或地区对项目管理都有传统的模式，或对某一类模式有特殊的偏好，应用这种或这一类模式，无论承包商，还是咨询和供应等单位都已积累了丰富的经验，故在这些地区，业主在项目建设中则首先得考虑当地传统模式。

一个国家或地区，对建筑业运作都有一些强制性的规定，甚至颁布了一些法律和法规，作为业主必须在严格遵守法律法规的前提下，再对管理模式和合同结构做出抉择。作为非本地区的投资业主，熟悉本地的经济和政治状况，作为业主也需认真考虑。

（4）根据合同方式进行经验判断

1）业主希望采用总价包干的方式，把更多的风险转移给承包商，适合采用 DB/EPC 模式。

2）DBB 模式下，即可采用单价合同，又可以采用总价合同。

综上所述，模式选取的流程图见图 7-13。

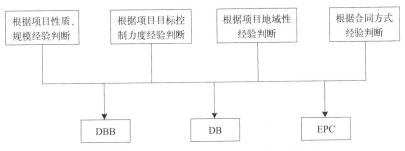

图 7-13　DBB、DB、EPC 模式选取的流程图

2. 层次分析法

运用层次分析法构建项目管理模式选择评价的模型，在该模型基础上，通过专家打分法定量确定最优的项目管理模式。

（1）各层次的确定

根据层次分析法理论和影响业主选择项目管理模式的主要因素，将这一模型设置为4个层次。第一层：目标层，即选择最优化的项目管理模式；第二层：第一类准则层，即评价最优化项目管理模式的第一类指标。第三层：第二类准则层，即评价最优化项目管理模式的第二类指标。第四层：措施层，即可供选择的项目管理模式类型。

（2）评价指标体系的建立

具体而言，第一类准则层可分为五大项指标，第二类准则层可分为十五项，见表7-1。

国际工程项目管理模式选择指标体系 表7-1

总指标	一级指标	二级指标
项目管理模式	项目目标控制力度 u_1	工期 v_{11}
		投资 v_{12}
		质量 v_{13}
	业主方工程项目能力 u_2	工程经验 v_{21}
		技术力量 v_{22}
		管理能力 v_{23}
	项目性质、规模与地域性 u_3	项目性质 v_{31}
		项目规模 v_{32}
		项目地域性 v_{33}
	项目资金状况 u_4	自有资金比例 v_{41}
		资金充裕度 v_{42}
		贷款人限制 v_{43}
	合同方式 u_5	单价合同 v_{51}
		总价合同 v_{52}
		成本加酬金合同 v_{53}

项目管理模式优化选择模型如图7-14所示。要特别提出的是，评价项目管理模式的五大类、十五个评价指标并不是一成不变的，评价指标的确定应根据工程项目的具体情况有所增减，该模型是一个通用的可借鉴的评价模型。

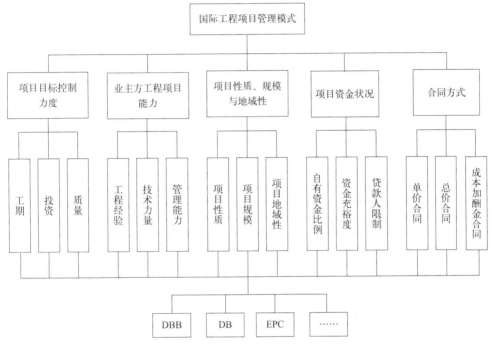

图 7-14　国际工程项目管理模式优化选择模型

（二）项目管理模式确定的流程

（1）采用经验判断法，根据项目资金状况、项目的性质、规模，项目目标控制力度、业主方工程项目能力，项目地域性合同方式进行经验判断，依次确定项目的融资模式、组织管理模式和合同模式，从而确定适合的项目管理模式，通常根据经验判断法可以确定相对适合的项目管理模式候选方案。

（2）在经验判断法确定的候选方案的基础上，通过构建优化选择模型，通过专家打分及层级分析模型计算来确定最优的项目管理模式。

项目管理模式确定的流程如图7-15所示。

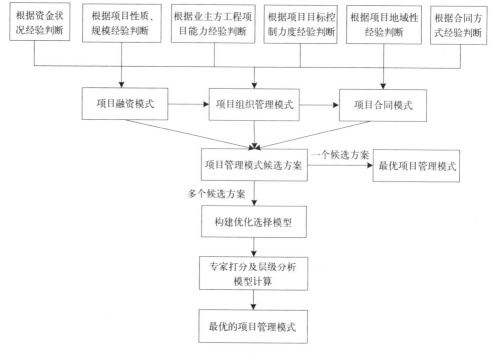

图 7-15　项目管理模式确定流程

三、结语

在全球一体化及我国推行一带一路政策的大环境下，工程咨询企业将会越来越多地走向国际市场。国际工程项目管理模式的研究是在经济一体化、国际大通道建设的大环境下开展的课题研究，顺应了行业的发展趋势与发展规划。通过对国际工程项目管理模式的研究，有助于我国工程咨询企业了解目前国际上常用的工程项目管理的模式，以及项目管理模式的选择和实施方法，有助于探索我国工程咨询企业开展国际工程项目管理，增强适应国际市场发展与变化的能力。

2016年大事记

1月11日　为进一步转变政府职能，规范职业资格管理，充分发挥行业组织作用，推动行业组织有序承接专业技术人员水平评价类职业资格具体认定工作，人力资源社会保障部印发了《行业组织有序承接专业技术人员水平评价类职业资格具体认定工作实施办法（试行）》。

1月15日　为落实行政审批制度改革要求，简化造价工程师注册审核的材料和流程，住房城乡建设部标准定额司在《关于注册造价工程师变更、暂停执业、注销注册等有关事项的通知》（建标造函〔2008〕2号）文件的基础上，发布了《关于造价工程师注册审核有关事项的通知》（建标造函〔2016〕8号）。

1月20日　国务院发布了《国务院关于取消一批职业资格许可和认定事项的决定》（国发〔2016〕5号），取消了全国建设工程造价员职业资格。

1月21～22日　中价协秘书长联席会议在海口市召开。来自全国30个省市、自治区造价管理协会理事长或秘书长40余人参加此次会议。会议由中价协吴佐民秘书长主持，各部门主任依次发表讲话。随后各省市参会人员就会议主要议题进行了讨论及交流。本次会议取得圆满成功，为落实中价协2016年工作任务打下了良好基础。

1月26日　住房城乡建设部标准定额司印发了《住房城乡建设部标准定额

司关于印发 2016 年工作要点的通知》（建标综函〔2016〕17 号），2016 年标准定额工作将围绕完善工程建设标准和计价依据体系，加强工程造价咨询业监管，规范咨询市场秩序，强化标准实施指导监督，推进体制机制创新，深化改革促发展。

1 月 26 日　住房城乡建设部标准定额司卫明副巡视员、造价处赵毅明处长等一行到中价协调研指导工作。中价协徐惠琴理事长、吴佐民秘书长，施笠、薛秀丽副秘书长及秘书处各部门主任参加了座谈会。本次会议对工程造价管理立法、国内外工程造价管理的共性规律、历史规律及行业宣传等事项进行了深入探讨。

2 月　全国 31 个省级建筑市场监管与诚信信息基础数据库与住房城乡建设部中央数据库实现实时互联互通，初步实现建筑市场"数据一个库、监管一张网、管理一条线"的信息化监管目标。

2 月 3 日　国务院发布的《国务院关于第二批取消 152 项中央指定地方实施行政审批事项的决定》（国发〔2016〕9 号）第 136 项、139 项分别取消了省级住房城乡建设部相关部门对造价工程师执业资格审批的初审、省级住房城乡建设部相关部门对工程造价咨询单位甲级资质审批的初审。

2 月 5 日　中价协发布了《中国建设工程造价管理协会 2016 年工作要点》。2016 年协会工作要点为：①推进工程造价管理立法及制度建设；②开展专项课题研究，完善相关标准规范；③加强诚信体系建设及行业自律；④依托信息化提升会员服务水平；⑤建立适应改革发展需要的人才培养新模式；⑥扩大对外交流与合作；⑦完善协会内部治理；⑧加强行业党建和文化建设。

2 月 18 日　住房城乡建设部决定对与现行法律法规不一致、已被新规定涵盖或者替代、调整对象已消失、工作任务已完成或者适用期已过的 844 件住房城乡建设部文件宣布失效。凡宣布失效的住房城乡建设部文件，自公告之日起一律停止执行，不再作为行政管理的依据。

2月19日 为适应建筑业营改增的需要，住房城乡建设部办公厅在开展了建筑业营改增对工程造价及计价依据影响专题研究，并在请部分省市进行了测试的基础上，发布了《住房城乡建设部办公厅关于做好建筑业营改增建设工程计价依据调整准备工作的通知》（建办标〔2016〕4号）。

3月2日 住房城乡建设部办公厅发布了《关于贯彻落实国务院取消相关职业资格决定的通知》。要求各地区、各相关单位要认真贯彻落实国务院决定精神，停止开展与城市雕塑创作设计资格、勘察设计行业工程总承包项目经理、全国建设工程造价员资格3项职业资格相关的评价、认定、发证等工作，也不得以这些职业资格名义开展培训活动。

3月4日 中价协在云南省昆明市召开全国造价工程师继续教育与专业人员培养工作会议。来自各省、自治区、直辖市及有关部门负责造价工程师继续教育与专业人员培养工作的领导及有关工作人员100多人参加了本次会议。会议由中价协施签副秘书长主持，中价协张顺民副理事长、吴佐民秘书长、云南省住房和城乡建设厅标准定额处文涛处长出席会议。

3月7日 中价协秘书处召开全体职工会议，学习贯彻中央城市工作会议精神及住房城乡建设部陈政高部长在部机关全面落实中央城市工作会议精神动员大会上的讲话。会议由薛秀丽副秘书长主持，吴佐民秘书长就学习贯彻中央城市工作会议精神作了详细传达说明。

3月10日 为贯彻落实《国务院关于第二批取消152项中央指定地方实施行政审批事项的决定》（国发〔2016〕9号），住房城乡建设部办公厅发布了《住房城乡建设部办公厅关于做好取消建设工程企业资质和个人执业资格初审事项后续衔接工作的通知》（建办市〔2016〕8号）。

3月14日 住房城乡建设部标准定额研究所在石家庄组织召开了建筑业"营

改增"建设工程计价依据调整工作交流会。来自各省、行业造价管理机构技术负责人参加了会议。部标准定额司卫明副巡视员、赵毅明处长，部标准定额研究所胡传海副所长、王海宏处长出席会议。河北省住建厅王英姿副厅长到会并致欢迎辞。

3月21日　为贯彻落实《国务院关于第二批取消152项中央制定地方实施行政审批事项的决定》（国发〔2016〕9号），住房城乡建设部办公厅发布了《关于做好取消甲级造价咨询企业资质和注册造价工程师执业资格初审事项的后续衔接工作的通知》（建办标〔2016〕10号）。

3月21～24日　中价协吴佐民秘书长一行赴江苏专题调研工程造价行业党建工作，实地调研走访了扬州市和盐城市造价处、造价协会以及部分造价咨询企业。江苏省建设工程造价管理总站站长曹良春、省造价协会理事长王如三、中价协理事长助理张兴旺等同志陪同调研。本次调研为行业开展党建工作和企业文化建设提供了宝贵经验。

3月23日　财政部、国家税务总局联合发布了《关于全面推开营业税改征增值税试点的通知》（财税〔2016〕36号）。经国务院批准，自2016年5月1日起，在全国范围内全面推开营业税改征增值税（以下称"营改增"）试点，建筑业、房地产业、金融业、生活服务业等全部营业税纳税人，纳入试点范围，由缴纳营业税改为缴纳增值税。

3月25日　由中价协主办，上海市建设工程咨询行业协会协办的"造价咨询企业国际化、规模化发展之路"座谈会在上海如期召开，中价协吴佐民秘书长、上海咨询协会严鸿华会长出席会议并讲话，来自全国的造价咨询企业的50余名董事长、总经理参加了座谈会。中价协特邀同济大学丁士昭教授出席座谈会并做主题演讲。

3月28日　为确保国家出台的"营改增"政策顺利实施，中价协受国家有关部门委托,组织造价行业内主要的软件企业召开了工程计价软件企业座谈会,会议由吴佐民秘书长主持,徐惠琴理事长出席了会议,中价协部分部门主任参加了会议。

3月29日　中价协在北京组织召开信用评价委员会工作会议,总结信用评价试点经验,完善信用评价办法和标准,研究开展全国范围信用评价工作。各信用评价试点单位主要负责人以及中价协专家委员会信用评价委员会各位委员参加会议。会议由信用评价委员会主任委员薛长立主持,中价协理事长助理张兴旺出席会议。与会代表围绕信用评价办法和标准展开热烈讨论,提出若干意见和建议。

4月7日　中价协在重庆召开了《工程造价费用构成研究》课题研讨会。住房城乡建设部标准定额司卫明副巡视员、赵毅明处长,我协会吴佐民秘书长及多位业内专家、学者出席了本次会议。卫明副巡视员就该课题的目的、意义以及今后课题研究工作的重点给予了重要指示,吴秘书长提出课题应按照工程造价的总体费用构成进行系统研究,并要求按不同计价阶段合理划分计价单元及费用构成。

4月11日　住房城乡建设部召开全国建筑业和房地产业营改增工作电视电话会议,住房城乡建设部部长陈政高出席会议并作动员讲话,副部长易军主持会议。财政部副部长史耀斌、国家税务总局副局长汪康分别就营改增相关政策在会上讲话。

4月19日　为促进工程造价管理机构及企业对建筑业"营改增"政策及配套措施的理解,便于各地方及行业部门正确编制和及时修订计价依据。中价协受住房城乡建设部标准定额司委托,在北京召开建设工程造价行业"营改增"专题师资培训班,来自省级及行业部门工程造价管理机构、省级造价协会及企业代表近130人参加了本次培训及研讨。住房城乡建设部标准定额司卫明副巡视员、中价协吴佐民秘书长出席了本次会议。

4月20日　为推动我国工程造价咨询企业"走出去",指导企业开展国际化业务，住房城乡建设部标准定额司和中价协开展了《工程造价咨询企业国际化战略研究》和《国际工程项目管理模式研究》两项课题的研究。两项课题大纲审查会在京召开，会议由中价协理事长助理张兴旺主持，来自部分高校和工程造价咨询企业的专家参与大纲审查。与会专家针对两项课题大纲的组织架构、战略定位、实施方案等提出了修改意见和建议，为课题的进一步研究拓宽了思路，为今后的具体研究工作指明了方向。

4月28日　为积极适应改革要求，扎实推进协会年度重点工作有效落实，由中价协主办，四川省造价工程师协会承办的全国地方协会秘书长会议在成都市召开。来自全国30个省市、自治区造价管理协会理事长、秘书长共计50余人参加会议。会议重点研究了协会理事会换届方案、信用评价体系建设、造价工程师制度建立20周年回顾与展望活动以及会员发展等问题。

4月29日　受中价协委托，四川省造价工程师协会在四川成都召开"2016政府与社会资本合作（PPP）模式专题论坛"。论坛邀请了财政部PPP中心韩斌副主任、清华大学建设管理系王守清教授等业界顶尖专家做主旨演讲。四川省造价工程师协会谢洪学会长致欢迎词并宣布论坛开幕，四川省建设厅殷时奎总工程师出席论坛并讲话，中价协吴佐民秘书长出席论坛并致辞。中价协会员单位、相关政府机构、设计院、高校及律师事务所等700余名代表参加了此次论坛。

5月6日　为贯彻落实中共中央办公厅《关于在全体党员中开展"学党章党规，学系列讲话，做合格党员"学习教育方案》精神，中价协党支部组织全体党员开展了"两学一做"专题学习教育活动，协会党支部副书记、副秘书长薛秀丽同志主持会议，党支部书记、秘书长吴佐民同志围绕协会秘书处开展"两学一做"学习教育工作做动员讲话。

5月6日　为促进建设、施工、监理、造价咨询等单位对建筑业"营改增"政策及配套措施的理解，及时掌握全国以及地方、行业部门计价依据的调整，中价协在北京召开了建设工程造价行业"营改增"专题培训班。来自造价咨询、施工等企业代表近 400 人参加了本次培训及研讨。中价协施笠副秘书长主持了本次会议并发表了讲话。

5 月 10 日 为确保建筑业"营改增"工作的顺利实施，受西藏自治区住房和城乡建设厅邀请，中国建设工程造价管理协会委派教育培训部主任、教授级高级工程师李成栋以援藏形式赴西藏自治区深入解读相关政策文件，并有针对性地讲解了建筑业"营改增"对工程造价及计价方式的影响、工程造价构成各项费用调整和税金计算方法等课程内容。

5 月 16 ～ 17 日 由中价协企业家高层论坛组委会主办，广东省工程造价协会及深圳市造价工程师协会协办，深圳市航建工程造价咨询有限公司、深圳市斯维尔科技股份有限公司、广州易达建信科技开发有限公司及广东中建普联科技有限公司承办的以"赢在蓝海——立足根本、守正出奇"为主题的第四届中价协企业家高层论坛在深圳市召开。中价协徐惠琴理事长出席论坛并致辞、吴佐民秘书长出席论坛，广东省建设工程造价管理总站黄守新站长、深圳市住建局胡建文副局长出席论坛并致辞，论坛由论坛组委会主任刘嘉先生主持，全国各地 300 余名企业代表出席了此次论坛。

5 月 20 ～ 24 日 亚太区工料测量师协会（PAQS）第 20 届年会在新西兰基督城召开，来自全球 14 个国家，近 500 名代表参加了此次会议；会议的主题是"建设的未来——全球性的难题"（Building for the Future—a Global Dilemma）。会议开幕式由亚太区工程测量师协会（PAQS）主席 Ian B. Duncan 和新西兰工料测量师协会（NZIQS）主席 Jeremy Shearer 共同主持。

5 月 26 日 中价协在北京组织召开发展委员会工作会议。会议审查通过《工程造价咨询执业保险制度研究》、《建设工程造价管理立法制度研究》和《中国工程造价咨询行业发展报告（2016 版）》课题，并研究讨论行业发展问题。会议由中价协理事长助理张兴旺主持，中价协理事长、专家委员会主任徐惠琴出席会议并发表讲话。

5月31日～6月3日　为推动工程造价咨询企业提升核心竞争力，促进企业做好核心人才培养工作，中价协在北京召开了工程造价咨询企业核心人才培训与交流会议，来自全国工程造价咨询企业法定代表人、技术负责人约360人参加了本次培训会。会议由中价协施笠副秘书长主持。

6月7日　为促进建设、施工、监理、造价咨询等单位对建筑业"营改增"政策及配套措施的理解，及时掌握全国以及各地方、各行业部门计价依据调整，中价协联合江苏省工程造价管理协会在江苏省南京市举办建设工程造价行业"营改增"专题培训班。

6月13日　住房城乡建设部易军副部长会见了香港测量师学会会长刘振江一行。双方就工程质量安全监管和专业人士互认合作等问题进行了深入交流。

6月15日　国务院总理李克强主持召开国务院常务会议。为降成本、增活力，发展信用经济，建设统一市场，促进公平竞争，会议决定清理规范工程建设领域保证金，除保留依法依规设立的农民工工资、投标、履约、工程质量4项保证金外，其他保证金一律取消，已收取的要于今年底前退还。

6月18日　由全联房地产商会、中价协、中国建筑业协会工程项目管理委员会、广联达软件股份有限公司联合主办，为期三天的2016中国建设行业年度峰会在深圳圆满落幕。

6月26日～7月3日　应国际成本工程师协会（AACE）的诚挚邀请，中价协（CECA）王中和副理事长率代表团参加了在加拿大多伦多召开的第60届AACE年会。大会期间，CECA与AACE举行了两次正式会谈，探讨研究全过程造价管理理论、如何加强与AACE在开展造价专业人员的继续教育、执业资格、执业标准等方面开展互认和合作等议题。中价协代表团介绍了我国目前工程造价行业的发展现状和取得的成就，并就大家共同关心的问题进行了探讨。

6月30日　由住房城乡建设部标准定额司组织的工程造价管理处（站）长工作会议在京召开。会议主要总结2016年上半年工程造价管理工作，并提出下一步工作安排。会议由标准定额司造价处赵毅明处长主持。标准定额司刘灿司长、卫明副巡视员、标准定额研究所胡传海副所长、造价处王海宏处长，中价协徐惠琴理事长、吴佐民秘书长等领导以及各省级有关工程造价管理处（站）主要负责同志参加会议。

7月1日　为庆祝中国共产党成立95周年，深入开展"两学一做"学习教育，增强党组织的凝聚力和战斗力，中价协党支部召开党员大会。会议认真学习了邓小平同志《论忠诚与老实》和陈云同志《党员对党要忠实》两篇文章，按照组织程序对1名预备党员转为正式党员进行了研究审议，并重温了入党誓词。

7月1日　住房城乡建设部、财政部、人力资源社会保障部联合召开贯彻落实《国务院办公厅关于清理规范工程建设领域保证金的通知》电视电话会议，部署开展清理规范工程建设领域保证金工作。住房城乡建设部部长陈政高出席会议并讲话，财政部副部长刘昆、人力资源社会保障部副部长邱小平分别就有关工作在会上做了部署。住房城乡建设部副部长易军主持会议。

7月15日　中价协在北京召开理事长办公会，研究审议第七届会员代表大会换届工作方案、注册造价工程师制度建立20周年回顾与展望活动方案，以及行业自律制度建设有关情况。

7月20日　中价协在京组织召开建立工程造价纠纷调解机制工作会议，会议由中价协吴佐民秘书长主持，住房城乡建设部标准定额司赵毅明处长、最高人民法院司法改革办公室龙飞处长、中价协徐惠琴理事长、谢洪学副理事长、北京市仲裁委王红松秘书长、丁建勇处长以及部分省站、协会、律师事务所、工程造价咨询公司等专家代表出席了会议。本次会议效果显著，为工程造价纠纷调解工作的开展指明了方向。

7月23日　由全国住房城乡建设职业教育教学指导委员会工程管理类专业指导委员会主办、江苏城乡建设职业学院承办的"工程造价行业发展与专业教学改革论坛"在常州举行。来自全国各地近90所举办工程管理类专业的职业院校相关人员近200人参加了本届论坛。开幕式由全国住房城乡建设职业教育教学指导委员会工程管理类专业指导委员会副主任、江苏城乡建设职业学院院长黄志良主持，江苏省住房城乡建设厅副厅长、江苏城乡建设职业学院党委书记杜学伦及全国住房城乡建设职业教育教学指导委员会委员秘书长、工程管理类专业指导委员会主任胡兴福先后致辞。

7月26日　为满足科学合理确定建筑安装工程工期的需要，住房城乡建设部印发了修编的《建筑安装工程工期定额》，自2016年10月1日起执行。住房城乡建设部2000年发布的《全国统一建筑安装工程工期定额》同时废止。

7月28日　受住房城乡建设部标定司委托，中价协组织专家在北京召开了《工程造价费用构成研究》审查会和《建设项目总投资费用项目划分》（征求意见稿）研讨会。住房城乡建设部标定司处长赵毅明、中价协秘书长吴佐民出席会议并做了重要讲话。会议通过了《工程造价费用构成研究》课题的结题评审，并对《建设项目总投资费用项目划分》课题报告的组织架构、指导思想和基本原则等提出了修改意见和建议。

8月4日　中价协在北京组织召开工程造价行业信用评价工作会议，研究部署2016年度工程造价咨询企业信用评价工作。住房城乡建设部标准定额司卫明副巡视员，商务部市场秩序司信用处王胜利处长，中价协徐惠琴理事长、吴佐民秘书长、张兴旺理事长助理以及各省造价协会、中价协专委会及部分省造价站代表近 100 人出席了会议，会议由中价协吴佐民秘书长主持。这是工程造价行业召开的第一次全国信用评价专题会议，得到了住房城乡建设部标准定额司和商务部市场秩序司的大力支持和帮助，全国工程造价行业信用体系建设工作迈出了实质性的第一步，为部署落实 2016 年度信用评价工作奠定了坚实的基础。

8 月 9 日　为落实《国务院关于印发深化标准化工作改革方案的通知》（国发〔2015〕13 号），进一步改革工程建设标准体制，健全标准体系，完善工作机制，住房城乡建设部印发了《关于深化工程建设标准化工作改革的意见》。

8 月 16 日　推进海外工程造价咨询工作交流研讨会议在北京召开。中价协吴佐民秘书长、张兴旺理事长助理等领导出席会议并作重要讲话，对外专业委员会、北京世博嘉信工程咨询有限公司和北京京城招建设工程咨询有限公司等单位负责人分别就海外工程建设市场概况及国际工程报价等内容，与参会的 120 余位企业代表进行了交流研讨。

8 月 30 日～9 月 1 日　为提供高质量的会员服务，提高会员单位的 PPP 项目的专业服务水平，中价协举办了为期三天的"政府与社会资本合作（PPP）"模式高端研修班，并对会员单位免费开放。研修班邀请了有着深厚理论功底和丰富实务经验的清华大学建设管理系教授（清华大学 PPP 研究中心首席专家）王守清、王盈盈及宋杰老师前来授课，中价协会员单位等近 200 名代表参加了此次研修。

9 月 14 日　中价协党支部召开"党风廉政建设专题组织生活会"，组织全体党员、干部学习住房城乡建设部"中秋国庆'两节'党风廉政建设提醒约谈会"的有关精神。

9 月 18 日　由中价协、内蒙古自治区工程建设协会联合举办的《建设工程造价国家级行业标准规范宣贯培训会议》在内蒙古自治区呼和浩特市召开。会议由内蒙古自治区工程建设协会李洁秘书长主持。中价协考务和教育培训部李成栋主任、内蒙古自治区住房和城乡建设厅工程建设管理处张光峰处长、内蒙古自治区建设工程造价管理总站庞天站长等同志发表讲话，会议特邀各盟市建设行政主管部门、造价管理站等领导列席。

9月20日　内蒙古自治区工程建设协会在呼和浩特市召开2016年内蒙古自治区工程造价咨询企业信用评价工作会议，中价协秘书长吴佐民、理事长助理兼规划发展部主任张兴旺、内蒙古自治区住房和城乡建设厅工程建设管理处处长张光峰、内蒙古自治区建设工程造价管理总站副站长杨延珍及各级建设行政主管部门、工程造价咨询企业相关单位的代表参加了本次会议。

9月22日　为贯彻党的十八届三中、四中、五中全会精神，加快推进社会信用体系建设，健全跨部门失信联合惩戒机制，促进招标投标市场健康有序发展，最高人民法院、国家发展改革委等9部门联合公布《关于在招标投标活动中对失信被执行人实施联合惩戒的通知》。

9月27日　为了促进工程造价咨询企业、造价工程师对建筑业价值工程管理方面的理解和应用，中价协特邀请日本建筑技术研究所山下幸弘先生在北京举办了"建筑业价值工程"公益讲座。本次会议得到了北京建筑大学的大力支持，来自造价咨询企业代表、师生代表等近100人参加了本次讲座。

10月6日　应英国皇家测量师协会（RICS）邀请，中价协吴佐民秘书长率团访问了RICS伦敦总部，双方就《中英工程造价管理比较研究》课题及《工料测量国际标准》、深入开展教育培训与企业合作等方面进行了交流和讨论。此次会晤内容充实，达成了诸多共识，为下一步中价协开展国际合作打下了坚实的基础。

10月13日　中价协在南京组织召开了《工程造价咨询企业国际化战略研究》

和《国际工程项目管理模式研究》课题初稿讨论会。会议由中价协张兴旺理事长助理主持，江苏省建设工程造价管理总站曹良春站长、江苏省工程造价管理协会王如三会长、AACE中国分会沈峰主席及课题组人员出席会议。

10月18日　为贯彻落实国务院关于鼓励和推动民间资本投资PPP项目的工作部署，促进民间投资平稳增长，国家发展改革委投资司、全国工商联经济部共同在京召开2016民营企业PPP投资项目推介会。国家发展改革委投资司副司长韩志峰，全国工商联经济部部长谭林，清华大学副校长、清华大学PPP研究中心主任杨斌，光大国际总经理、清华大学PPP研究中心主任王天义等以及地方工商联代表，相关行业商会、民营企业负责人，金融、法律、会计、咨询等机构高层，知名专家学者等近200人参加了推介会。

10月19日　为充分发挥各级协会在工程造价行业管理中的作用，更好地做好会员服务工作，中价协在杭州召开地方协会秘书长会议。杭州市、宁波市、厦门市、大连市、成都市、武汉市等地方协会负责人参加会议进行讨论交流，中价协徐惠琴理事长、吴佐民秘书长及张兴旺理事长助理等出席了会议。

10月20日　为了促进工程造价咨询企业的规模化发展，中价协在杭州邀请行业中前20名造价咨询企业召开工程造价咨询行业规模化发展座谈会，研究和解决企业规模化发展过程中存在的问题和困难，以及需要的政策支持。中价协理事长徐惠琴、秘书长吴佐民、理事长助理张兴旺等出席了会议。

10月24～28日　住房城乡建设部标准定额司在天津理工大学管理学院举办了2016年工程造价管理站（处）长培训班，来自30个省、直辖市、自治区的工程造价管理部门近60名站（处）长参加了培训。开班仪式由天津理工大学校长荆洪阳主持，住房城乡建设部倪虹副部长、住房城乡建设部标准定额司卫明副巡视员、住房城乡建设部标准定额司赵毅明处长、住房城乡建设部标准定额司彭正旭副调研员、中价协吴佐民秘书长等领导同志出席了会议。

11 月 4 日　为了促进工程造价咨询行业 BIM 技术的开发应用，推动工程造价咨询行业加快转型升级，中价协联合陕西省建设工程造价管理协会，在陕西省西安市举办"BIM 与工程造价咨询行业转型升级"培训会议。

11 月 5 日　由中价协、住房城乡建设部高等学校工程管理和工程造价学科专业教学指导委员会、全国住房城乡建设职业教育教学指导委员会工程管理类专业指导委员会主办，山东城市建设职业学院、西安建筑科技大学承办，深圳市斯维尔科技股份有限公司、广联达软件股份有限公司协办的第二届全国高等院校工程造价技能及创新竞赛在山东济南（高职组）和陕西西安（本科组）成功举办。有来自全国各地工程造价和工程管理类院校的高职院校团队 125 个、本科院校团队 102 个，近 700 名选手、400 余名指导老师参加了本次竞赛活动。

11 月 10 日　为落实《国务院关于印发深化标准化工作改革方案的通知》（国发〔2015〕13 号）和《住房城乡建设部关于印发深化工程建设标准化工作改革意见的通知》（建标〔2016〕166 号），适应加快转变经济发展方式的需要，推进节能减排、资源节约利用和生态环境保护，保障工程质量安全，促进工程建设领域技术进步，经商有关部门、单位，住房城乡建设部印发了《2017 年工程建设标准规范制修订及相关工作计划》。

11 月 14 日　中价协在北京组织召开了《工程造价咨询企业国际化战略研究》和《国际工程项目管理模式研究》课题研讨会。并对信永中和（北京）国际工程管理咨询有限公司的国际化业务情况开展了调研活动。会议由中价协理事长助理张兴旺主持，中价协吴佐民秘书长、信永中和集团张克董事长、AACE 中国分会沈峰主席、中价协对外专业委员会任诺秘书长及课题组编制专家出席会议。

12 月 1 日　由中国建设报社主办的第十四届中国建筑企业高峰论坛在福建省厦门市开幕。论坛以"大趋势、大变革、大机遇"为主题，梳理建筑业全面深化改革的多项举措，透析大数据产业、PPP 模式、"一带一路"、工匠精神等重点议题，为处于变革期的中国建筑业及建筑业企业拨开云雾，抓住机遇，提供智力支持。

12月7日　中价协第六届理事会第四次会议暨造价工程师执业资格制度建立20周年活动在京举行。会议由徐惠琴理事长主持，住房城乡建设部标准定额司司长刘灿、住房城乡建设部标准定额司副巡视员卫明、住房城乡建设部干部学院副院长宋友春、民政部巡视员李波、国际造价工程联合会（ICEC）主席张达棠、人力资源社会保障部原司长刘宝英、标准定额司原司长徐义屏、中价协原理事长杨思忠等老领导和全国各地300余名会员代表出席了会议。住房城乡建设部原副部长齐骥以及国际造价工程联合会、亚太区工料测量师协会分别为大会发来贺信。

12月8日　中价协第六届理事会第四次常务理事会在北京召开。中价协副理事长谢洪学、郭瑜、沈维春、张顺民、刘嘉、王中和、郭怀君及秘书长吴佐民和100余位常务理事出席会议。副秘书长施笠、薛秀丽，理事长助理张兴旺及各部门主任列席会议。会议由徐惠琴理事长主持。

12月16日　人力资源社会保障部在发布的《国家职业资格目录清单公示》（附件）中。拟列入职业资格目录清单151项。其中，涉及住房城乡建设领域的专业技术人员职业资格9项，技能人员职业资格11项。根据公示清单，资格类别准入类清单中第12项职业资格为"造价工程师"，设定依据为《中华人民共和国建筑法》和《造价工程师执业资格制度暂行规定》。

12月17日　由中国国际经济交流中心、新华社国家高端智库联合主办的"2016～2017中国经济年会"在北京国际饭店会议中心召开。本次会议围绕深化供给侧结构性改革，"三去一降一补"五大任务，全面解读中央经济工作会议精神。会议由中国经济交流中心常务副理事长魏礼群主持。中国国际经济交流中心副理事长朱之鑫、新华社副社长周树春分别致辞。中国国际经济交流中心理事长曾培炎出席会议。政府有关部门领导、专家学者、企业家和智库代表约300人出席了会议。

12月23日　为贯彻落实《国务院办公厅关于大力发展装配式建筑的指导意见》（国办发〔2016〕71号）有关"制修订装配式建筑工程定额"的要求，满足装配式建筑工程计价需要，住房城乡建设部组织印发了《装配式建筑工程消耗量定额》，自2017年3月1日起执行。

12月26日　全国住房城乡建设工作会议在京召开。住房城乡建设部党组书记、部长陈政高全面总结了2016年住房城乡建设工作，包括：一是努力推进房地产去库存；二是着力稳定热点城市房地产市场；三是顺利完成棚户区改造任务；四是不断加强城乡规划工作；五是继续强化城市基础设施建设；六是全面理清建筑业改革发展思路；七是全力推动装配式建筑发展；八是深入开展农村人居环境改善工作。

12月27日　为贯彻落实《国务院办公厅关于清理规范工程建设领域保证金的通知》（国办发〔2016〕49号）精神，规范建设工程质量保证金管理，住房城乡建设部、财政部印发了《建设工程质量保证金管理办法》。

2016年重要政策法规清单

一、国务院

《中华人民共和国资产评估法》中华人民共和国主席令第四十六号

二、住房城乡建设部

《城市综合管廊国家建筑标准设计体系》和《海绵城市建设国家建筑标准设计体系》建质函〔2016〕18号

《建筑安装工程工期定额》建标〔2016〕161号

《装配式建筑工程消耗量定额》建标〔2016〕291号

《建设工程质量保证金管理办法》建质〔2016〕295号

三、国家发展和改革委员会

《高技术产业发展项目中央预算内投资（补助）暂行管理办法》发改高技规〔2016〕2514号

《中西部地区铁路项目中央预算内投资管理暂行办法》发改基础〔2016〕747号

《城镇污水垃圾处理设施建设中央预算内投资专项管理办法》发改办环资〔2016〕888号

四、财政部

《关于进一步加强政府采购需求和履约验收管理的指导意见》财库〔2016〕205号

《政府采购评审专家管理办法》财库〔2016〕198号

《资产评估行业随机抽查工作细则》财资〔2016〕51号

《基本建设项目建设成本管理规定》财建〔2016〕504号

《基本建设项目竣工财务决算管理暂行办法》财建〔2016〕503号

《关于加强政府采购活动内部控制管理的指导意见》财库〔2016〕99号

《营业税改征增值税试点实施办法》、《营业税改征增值税试点有关事项的规定》、《营业税改征增值税试点过渡政策的规定》和《跨境应税行为适用增值税零税率和免税政策的规定》财税〔2016〕36号

五、交通部

《公路工程营业税改征增值税计价依据调整方案》交办公路〔2016〕66号

《公路工程造价管理暂行办法》交通运输部令2016年第67号

六、北京

《北京市建设工程施工综合定量评标办法》京建法〔2016〕4号

《关于执行2014年〈北京市城市轨道交通运营改造工程计价依据——预算定额〉的规定》京建法〔2016〕5号

《工程造价咨询企业专项执法检查工作方案》京建发〔2016〕322号

《关于建筑业营业税改征增值税调整北京市建设工程计价依据的实施意见》京建发〔2016〕116号

《2016年北京市建设工程计价依据——概算定额》京建发〔2016〕407号

《北京市建设工程评标专家动态监督管理办法（试行）》京建法〔2016〕9号

《北京市国有土地上房屋征收评估暂行办法》京建法〔2016〕19号

七、天津

《天津市建筑业营改增后计价依据调整暂行规定》津建筑函〔2016〕72号

八、上海

《上海市建设工程定额管理实施细则》沪建标定〔2016〕384号

《上海市公路工程营业税改征增值税计价依据调整的补出规定》沪建标定联〔2016〕431 号

《上海市工程造价管理"十三五"规划》沪建标定〔2016〕762 号

九、重庆

《重庆市国有资金投资建设工程施工招标控制价编制与确定程序的规定》渝建发〔2016〕67 号

《重庆市建设工程造价管理规定》重庆市人民政府令第 307 号

《重庆市工程建设领域保证金清理规范工作方案》渝府办发〔2016〕198 号

《重庆市招标投标条例》重庆市人民代表大会常务委员会公告〔2016〕第 34 号

《重庆市市外工程造价咨询企业入渝信息报送管理办法》渝建发〔2016〕34 号

十、河北省

《河北省建设工程工程量清单招标评标规则》冀建市〔2016〕24 号

《河北省装配式混凝土结构工程定额（试行）》和《河北省装配式混凝土结构工程工程量清单（试行）》冀建市〔2016〕19 号

《建筑业营改增河北省建筑工程计价依据调整办法》冀建市〔2016〕10 号

《河北省房屋建筑和市政基础设施工程施工安全监督办法》冀建法〔2016〕19 号

《河北省清理规范工程建设领域保证金工作方案》冀政办字〔2016〕137 号

十一、山西省

《山西省清理规范工程建设领域保证金工作实施方案》晋政办发电〔2016〕30 号

《山西省工程建设领域各类保证金清查工作实施方案》晋建市字〔2016〕88 号

《发布建筑业"营改增"〈山西省建设工程计价依据〉调整执行规定》晋建标函〔2016〕383 号

十二、内蒙古自治区

《内蒙古自治区国有土地上房屋征收与补偿条例》内政办发〔2016〕15 号

《内蒙古自治区建设用地容积率计算规则》内建规〔2016〕86 号

《内蒙古自治区公路工程建设项目招标投标管理实施办法（试行）》内交发〔2016〕408 号

《民政厅政府采购管理暂行办法》内民政发〔2016〕28 号

《内蒙古自治区建设工程招标代理服务收费指导意见（试行）》内工建协〔2016〕17 号

《内蒙古自治区建设工程造价咨询服务收费指导意见（试行）》内工建协〔2016〕18 号

《内蒙古自治区工程造价咨询行业自律公约（试行）》内工建协〔2016〕19 号

《关于建筑业营业税改征增值税调整内蒙古自治区现行计价依据实施方案》内建工〔2016〕136 号

十三、黑龙江省

《二〇一六年建筑安装等工程结算指导意见》黑建造价〔2016〕3 号

十四、吉林省

《吉林省房屋建筑和市政基础设施工程项目招标投标管理办法》吉林省人民政府令第 254 号

《关于建筑业营业税改征增值税调整 吉林省建设工程计价依据实施办法》吉建造〔2016〕6 号

《关于城市综合管廊工程计价的补充规定（试行）》吉建造〔2016〕2 号

十五、辽宁省

《辽宁省建筑工程设计招标投标管理暂行办法》辽住建发〔2016〕9 号

十六、山东省

《山东省工程建设项目招标代理机构信用评价管理办法》鲁建规范〔2016〕3 号

《建筑业营改增建设工程计价依据调整实施意见》鲁建办字〔2016〕20 号

《山东省建筑业"十三五"规划纲要》鲁建行字〔2016〕1号

十七、安徽省

《安徽省住房城乡建设厅关于进一步加强建筑工程招标投标监督管理的指导意见》建市〔2016〕213号

《安徽省公路水运工程建设项目招标投标管理办法》皖交建管〔2016〕147号

《关于增值税下〈安徽省工业化建筑计价定额〉的调整意见》造价〔2016〕22号

《关于进一步加强国有资金投资建设项目中工程造价咨询企业监管的意见》建标〔2016〕133号

《关于营业税改征增值税调整现行计价依据的实施意见》造价〔2016〕11号

《安徽省建设工程计价依据解释与造价纠纷调解规定》造价〔2016〕20号

十八、浙江省

《浙江省建设工程2010版计价依据 综合解释》（六）浙建站定〔2016〕47号

《浙江省工业化建筑工程计价定额》浙建站定〔2016〕1号

《关于规范建设工程施工招标文件计价条款的指导意见》浙建〔2016〕2号

《浙江省绿色建筑条例》省人大常委会公告第32号

十九、福建省

《福建省房屋建筑与市政基础设施工程造价电子数据交换导则》（2016年第3次修订部分）和《福建省房屋建筑与市政基础设施工程造价元素的属性值》（2016年第3次修订部分）闽建价〔2016〕22号

《关于建筑业营业税改增值税调整装配式建筑工程计价依据的实施意见》闽建办筑〔2016〕17号

《关于建筑业营业税改增值税调整福建省建设工程计价依据的实施意见》闽建办筑〔2016〕13号

《福建省建筑安装工程费用定额》（2016版）闽建筑〔2016〕15号

《福建省古建筑保护修复工程预算定额》（2016版）闽建筑〔2016〕27号

二十、湖北省

《湖北省预算内固定资产投资监督管理暂行办法》鄂发改规〔2016〕3 号

《湖北省预算内直接投资项目概算管理暂行办法》鄂发改规〔2016〕2 号

《湖北省清理规范工程建设领域保证金工作方案》鄂建文〔2016〕55 号

《湖北省交通建设工程主要材料信息价营业税改征增值税计价依据调整方案》鄂交造价〔2016〕11 号

《湖北省建筑业营改增建设工程计价依据调整过渡方案》鄂建文〔2016〕24 号

二十一、湖南省

《湖南省建设工程合同备案管理实施细则》湘建价〔2016〕95 号

《关于增值税条件下计费程序和计费标准的规定》及《关于增值税条件下材料价格发布与使用的规定》湘建价〔2016〕72 号

二十二、广西壮族自治区

《营改增后价格信息发布调整规定》桂造价〔2016〕7 号

二十三、海南省

《海南省工程造价咨询成果文件监督管理暂行规定（试行）》琼建定〔2016〕135 号

《关于建筑业营业税改征增值税调整海南省建设工程计价依据的实施意见》琼建定〔2016〕112 号

二十四、云南省

《关于建筑业营业税改征增值税后调整云南省建设工程造价计价依据的实施意见》云建标〔2016〕207 号

二十五、贵州省

《建筑业营业税改征增值税建筑工程计价依据调整实施意见（试行）》黔建建

通〔2016〕148 号

二十六、四川省

《建筑业营业税改征增值税四川省建设工程计价依据调整办法》川建造价发〔2016〕349 号

二十七、陕西省

《陕西省房屋建筑和市政基础设施工程施工招标评标办法》和《陕西省房屋建筑和市政基础设施工程监理招标评标办法》陕建招发〔2016〕26 号

二十八、甘肃省

《关于建筑业营业税改征增值税调整甘肃省建设工程计价依据的实施意见》甘建价〔2016〕119 号

二十九、宁夏回族自治区

《宁夏建设工程竣工结算备案管理暂行办法》宁建（科）发〔2016〕45 号

《关于建筑业营业税改征增值税宁夏建设工程计价依据调整的实施意见》宁建（科）发〔2016〕16 号

三十、新疆维吾尔自治区

《关于建筑业营业税改增值税调整新疆建设工程计价依据的实施意见》新建标〔2016〕2 号

三十一、中国工程咨询协会

《工程咨询业 2016—2020 年发展规划》中咨协政〔2016〕76 号

附录三

造价咨询行业与注册会计师行业简要对比

一、企业总体情况对比

截至 2016 年 12 月 31 日，全国共有会计师事务所 8460 家，其中总所 7414 家，分所 1046 家。从地区分布情况来看，广东（含深圳）、北京、山东的会计师事务所数量位居全国前三位，分别为 814 家、662 家、589 家。全国合伙制事务所（不含分所）共有 3383 家，有限责任制事务所（不含分所）共有 4025 家。如附图 3-1、附表 3-1 所示。

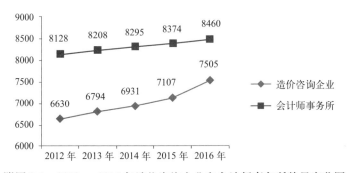

附图 3-1　2012 ～ 2016 年造价咨询企业和会计师事务所数量变化图

2016 年造价咨询企业和会计师事务所数量排名前三的省份信息表　　　附表 3-1

排名	造价咨询企业			会计师事务所		
	省份	数量（家）	占全国比例	省份	数量（家）	占全国比例
第一名	江苏	626	8.34%	广东	814	9.61%
第二名	山东	605	8.06%	北京	662	7.82%
第三名	四川	413	5.50%	山东	589	6.96%

二、从业人员情况对比

截至 2016 年 12 月 31 日，中注协共有注册会计师 103081 人。从地区分布情况看，北京市注册会计师数量最多，有 12951 人，占全国总数的 12.564%，其次是广东省和四川省，分别为 9098 人、6146 人。此外，中注协非执业会员已达 121987 人，其中包括 560 名外国及港澳台地区非执业会员。如附图 3-2、附表 3-2 所示。

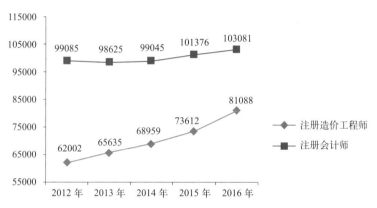

附图 3-2　2012 ～ 2016 年全国注册造价工程师和注册会计师人数比较

2016 年全国注册造价工程师和注册会计师数量排名前三的省份信息表　　附表 3-2

排名	注册造价工程师			注册会计师		
	省份	数量（人）	占全国比例	省份	数量（人）	占全国比例
第一名	江苏	7428	9.160%	北京	12951	12.564%
第二名	山东	5872	7.242%	广东	9098	8.826%
第三名	北京	4979	6.140%	四川	6146	5.962%

三、人才培养情况对比

2016 年度，中国建设工程造价管理协会和中国注册会计师协会均采取了多层次的人才培养方案，附表 3-3 列出了两个行业在该年度的人才培养情况对比。

2016 年中价协和中注协人才培养情况对比

附表 3-3

	中国建设工程造价管理协会	中国注册会计师协会
继续教育	3 月 4 日，中价协在云南昆明召开全国造价工程师继续教育与专业人员培养工作会议，共 100 多名相关人员参加	承办各类培训班共 62 期，其中委托 3 所国家会计学院举办培训班 51 期，在内蒙古、四川、重庆、云南—贵州、陕西和青海—甘肃等地开展 6 期"送教西部"活动，中注协主办地方注协办远程教育培训班 5 期；启动"互联网＋培训"系统建设，开设网络课堂
领军人才培养	改变协会个人会员发展及管理模式，试行会员等级制度。将业内权威专家及对协会建设有重大贡献的人士认定为资深会员，将为工程造价行业做出巨大贡献的著名人士认定为名誉会员。开展了两批资深会员认定工作，已认定的协会资深会员共 757 人，第三批资深会员认定工作正在进行中	印发《全国会计领军人才培养工程发展规划》，统筹谋划第二个十年的会计领军人才培养工作；全面推进全国会计领军人才培养工程，选拔了第十二期企业类和第六期行政事业类各 65 名会计领军学员；组织了第十一次全国会计领军人才联合集中培训，招收 10 名全国会计领军人才培养工程特殊支持计划学员。在北京开展首次全国会计领军人才联合集中培训
后备人才培养	为促进工程造价管理机构专业人才后备力量的储备，打造服务水平高、创新能力强的专业人才队伍，2016 年 10 月 24～28 日，在天津理工大学管理学院举办了 2016 年工程造价管理站（处）长培训班。第二届全国高等院校工程造价技能及创新竞赛于 2016 年 11 月 5 日在济南和西安举办，共有来自全国近 700 名工程造价和工程管理类院校的选手参赛	完成 2016 年度注册会计师专业方向师资培训班，以"注册会计师胜任能力与职业判断"为主题举办注册会计师专业方向院校师资研修班；举办 2016 年度注册会计师专业方向学生境外实习项目，共 72 名优秀学生入选
企业核心人才培养	中价协于 2016 年 5 月 31 日～6 月 3 日在北京召开工程造价咨询企业核心人才培训与交流会议，来自全国工程造价咨询企业法定代表人、技术负责人共 360 人参与会议。通过会议落实了工程造价行业人才发展战略，计划培养与行业发展相适应的人才队伍，推动工程造价咨询企业多元化发展	

四、行业信息化建设对比

近年来，工程造价咨询行业和注册会计师行业都十分重视信息化对行业发展所起到的推动作用，围绕如何进行信息化建设做出了积极的探索与尝试，附表 3-4 是两个行业 2016 年度信息化建设的成果展示。

2016 年中价协和中注协人信息化建设措施对比　　　　附表 3-4

工程造价咨询行业	注册会计师行业
为提高行业信息化整体应用水平，提升企业管理效率，减少信息系统重复开发建设，节约资源，基于云端的工程造价咨询企业资源管理系统（ERP）于 2016 年 8 月正式上线，并面向所有企业免费开放。 　　为实现信息共享互通，为工程造价从业人员提供最新最全面的工程计价过程中所需要的各种信息，工程造价信息服务平台（工程计价信息网）已于 2016 年 9 月正式上线。 　　继续利用协会期刊、网站和微信平台等加强对行业政策、法律法规的宣传。《工程造价管理》期刊重点发布建设工程行业热点问题；协会网站年度发布近 500 条行业资讯；微信公众平台关注人数目前已达 8 万人。 　　对造价工程师考试《建设工程造价案例分析》科目评价方式进行改革，主观题评卷实行网络集中评卷方式，提高评卷工作质量和效率	启动行业管理信息系统 3.0 建设，完成行业管理信息系统的优化和升级改造。 　　指导大型事务所审计软件利用大数据、云计算等现代信息技术，完善风险导向审计功能，推动系统架构向云平台转换。指导提升中小事务所审计软件质量，研究提出中小事务所审计软件选型指引。 　　2016 年 8 月 8 日~8 月 12 日，为适应行业信息化建设的要求，促进注册会计师适应"互联网+"新环境，提升其对大数据时代下职业发展未来的认识，中注协委托厦门国家会计学院举办"2016 年中注协信息化创新发展培训班"。 　　2016 年 12 月 15 日，中注协发布《注册会计师行业信息化建设规划（2016—2020 年）》提出了"十三五"时期行业信息化建设的指导思想、基本原则、建设目标、主要任务与实现路径，并从组织领导、资金保障、人才培养、绩效评估和规划实施五个方面提出保障措施

附录四

典型行业优秀企业简介

北京筑标建设工程咨询有限公司

"筑·成天下，标·立大业"是北京筑标建设工程咨询有限公司（简称"筑标"）响亮的口号！筑标自1999年成立以来，始终遵循"守法、诚信、公正、科学"的服务宗旨，坚持以"提高科技水平、创造服务价值、惠及公众利益、积累社会财富"的经营管理理念，为社会各行业提供专业、精致的工程咨询服务。

公司于2003年先后获得了建设工程造价咨询甲级资格证书；建设工程招标代理甲级资格证书；财政部政府采购甲级资格证书，是北京市高级人民法院和北京市仲裁委员会指定的工程造价司法鉴定机构和仲裁机构。

经历18年的艰苦创业，如今的"筑标"已是一个拥有注册资金1208万元的建设工程咨询企业。形成了总部位于北京，辐射江苏、广东、云南等全国15个省、市的服务网络。业务服务范围包括工程造价咨询、工程招标代理、工程咨询、财务审计、税务咨询、信息服务等中介业务。业务领域涵盖工业与民用建筑、能源、化工、水利工程、水电、道路、桥梁、轨道交通、航空等建设项目。

公司始终贯彻"以人为本"的发展战略，致力于质量保证体系的运行、专业技术信息资源系统和工程造价大数据的建立和完善，连续10年通过了ISO9001质量体系的认证。公司拥有一支专业齐全、经验丰富的技术团队和经营管理团队。为适应集团化的管理，公司成立了董事会领导下的管理委员会，不断探索工程造价咨询行业发展的内在规律，建立科学的内部治理结构和管理机制，强调同心同德、相互支持、优势互补、共同发展的团队精神为企业文化的核心。不断提高服务质量，赢得客户的广泛赞誉。自 2005 年起，已连续多年进入全国百强工程造价咨询企业行列。

一、筑成天下，构建管理新平台，打造"筑标"品牌

工程造价咨询企业是智力型服务企业，为摆脱传统造价咨询企业在企业规模、管理水平、服务质量方面存在的弊端，打造企业品牌。2016 年公司实行管理委员会的管理机制，在组织结构、运营流程、绩效考核等方面建立了科学系统的规章制度，从质量上、服务上统一管理、统一标准，改变过去分散管理、标准不统一的弊端，提升筑标的整体竞争实力，打造"筑标"品牌战略，从而向做大做强方向发展。

二、标立大业，通过管理增强企业核心竞争力

管理委员会对经营管理、财务管理、人力资源、专业化技术标准实行统一管理。

经营管理统一管理：利用 OA 管理系统，建立项目合同统一管理制度，加强客户回访制度力度，利用项目管理软件系统，从项目立项、承接、报告出具、客户反馈意见等实行全方位的动态管理，对客户高度负责。

制定专业技术标准手册：针对每个专业制定专业化的标准，完善工程咨询成果文件质量管理体系，形成了成果文件的"三级审核"及"三级复查"机制，使出具的成果文件更精准。

财务统一管理：全面执行国家财务会计制度和各项经济法规，真实、及时、准确、完整、客观、清晰地记录和反映公司的经营活动和资金循环，保证了公司财务制度的贯彻落实，完善了经营指标的考核体系。

三、不忘初心，筑梦未来

"筑标"诠释了筑标人"筑成天下，标立大业"砥砺奋进的精神。十余年来，北京筑标建设工程咨询有限公司为社会各界各行业，提供了大量咨询服务工作，经营收入逐年上升，客户遍布全国各地。其中有国家重点工程，如国家成品油储备库建设项目、京津冀城际铁路投资建设项目；地方政府重点建设工程，如首都

医科大学附属北京天坛医院迁建工程、内蒙古自治区高速公路建设项目、中国人寿研发中心项目；国有企业重点项目建设工程，如北京新机场南航基地建设项目、华润新能源项目、龙源风电项目、国电宁夏英力特化工厂建设项目等。筑标人对品质精益求精的追求，得到了广大客户的信任和肯定。

万邦工程管理咨询有限公司

万邦工程管理咨询有限公司（以下简称"万邦咨询"）前身为浙江省审计师事务所，2000年1月脱钩改制。公司注册资金5000万元，拥有一支素质优良、经验丰富、专业齐全、实力雄厚的专家型咨询队伍，现有专职从业人员350多人，其中，注册造价工程师90多人，中高级职称120多人。公司业务涵盖投资估算及概算编制或审查、工程量清单及预算（招标控制价）编制或审查、工程结算审核、工程竣工财务决算编审、工程造价纠纷司法鉴定、招标代理、全过程造价控制（跟踪审计）、PPP咨询、BIM咨询和项目管理等，工程项目涉及能源、电力、公路、市政、通信以及房屋建筑等行业领域。

一、术业专攻，凸显特色

多年来，公司始终坚持"人无我有，人有我优，人优我专"的专业化、特色化发展战略，以万邦文化吸引优秀人才，以信息化管理提高效率，以廉洁自律赢得口碑，获得中价协造价咨询先进单位、浙江省优秀工程造价咨询企业、浙江省知名商号、浙江省工程造价咨询十大品牌企业、浙江省工商企业信用AAA级"守合同重信用"单位以及浙江省信用评价AAA级工程造价咨询企业等荣誉。在G20杭州峰会项目服务中，被杭州市政府评为G20杭州峰会服务保障工作作出突出贡献先进集体，杭州奥体国际博览中心项目有5人获省政府和杭州市政府服务保障G20杭州峰会先进个人称号。

（1）细化专业分工，体现专业价值。公司坚持"人无我有，人有我优"专业发展思路，以有利于专业发展为原则，倡导专业化服务，细化专业分工，提高专业服务价值，培养专业特长，形成万邦特色，培养室内精装修、外立面幕墙、楼宇智能化、火电安装和化工安装等专业领域行家，为客户提供专业的服务。

（2）提高专业素养，提升服务能力。公司始终致力于员工业务能力的持续提升，坚持以专业教育为基础，努力创造学习交流机会，鼓励员工总结交流，形成了业务培训常态化、工程观摩日常化、学术研讨大众化的良好氛围。

（3）发挥审计特长。在专业化发展过程中，我们以发挥专业特长为目标，坚持"人有我优，人优我专"的发展思路，多年来，公司积极参与国家审计署、省审计厅以及地方审计局组织的建设项目政府审计，在审计实践中，培养锻炼专业队伍，增强审计意识，提高审计工作能力，并多次荣获优秀协审单位荣誉称号。在政府审计中，锻炼培养了一大批专业水平高、责任心强的专家型骨干，提升了公司咨询团队综合实力。

二、廉正执业，公正服务

公司在求发展的同时，重点从组织、教育、制度等方面入手，注重个人业务能力提升，狠抓廉政建设，形成了具有万邦特色的金字招牌，尤其在政府投资项目咨询服务中，充分发挥万邦正能量，有效保障咨询质量。

一抓组织，加强领导，齐抓共管。为确保工作不出事，公司坚持廉政建设与业务质量并重，纳入项目管理、检查、评比考核体系，实行一票否决制。从组织领导、思想教育、监督检查等环节通盘考虑，统一部署。同时，公司加强组织协调和监督检查，将廉政建设的责任落实到部门，明晰责任，有效调动各方面力量，体系化推进廉政建设。

二抓教育，不断加强反腐倡廉教育，营造廉洁文化氛围。公司非常重视反腐倡廉教育。在公司例会、培训中，始终教育和引导员工坚持从"心防"做起，常思贪欲之害，常除非分之欲，常戒享乐之念，常怀律己之心，自觉把住"初始关、交友关、节庆关、亲情关、美色关、小节关"，提高了教育的针对性和有效性，进一步夯实员工的拒腐防变的思想基础。

三抓制度，建章立规，依靠制度管人管事。紧密联系公司工作实际，努力搭建反腐倡廉的制度框架。经过多年实践，公司内部监督预防体系正发挥着积极作用，公司重奖员工每次廉政行为，每年奖金高达30万元，有力提高员工防腐、拒腐能力，使反腐倡廉走上了制度化、规范化的轨道。

三、以人为本，共创和谐

万邦人秉承"居处恭，执事敬，与人忠"的为人处世原则，推崇"感恩、勤勉、专业、卓越"企业价值观，倡导"努力超越，追求卓越"拼搏精神，以创新服务为手段，为客户实现增值服务。

（1）共享发展成果。公司把建立公平公正的分配体制作为培育、稳定人才的基石，形成了一套契合实际的分配、考核体系。坚持唯才是用，注重能力建设，实行事业留人，待遇留人。

（2）建设企业家园。创造条件，努力建设团结、和谐、活泼、向上的企业家园，是公司文化建设的核心。公司注重人文关怀，内部设立万邦爱心基金，不仅用于解决员工困难，而且面向社会奉献万邦爱心，使万邦成为员工心中温暖的家。

（3）充实员工待遇。公司结合实际条件，逐步完善职工福利，实施团体定期寿险、团体意外伤害医疗保险、重大疾病保险、团体意外住院津贴保险和公共交通保险等提高福利保障水平；对业务骨干退休公司给予一次性特殊贡献津贴；实现员工两年一次休假旅游，中高层管理人员两年一次出国考察交流。

四、努力创新，引领发展

多年来，公司着力机制创新，用"互联网+"思维重塑咨询服务，加大信息化建设，增强公司发展内动力。

（1）着力机制创新和完善。一是建设公平公正、赏罚分明的分配机制，确保引得进人才，留得住骨干。二是建立赏罚分明的责任追究制，推行全员质量管理制度，强化能力、责任和主观能动性的管理。三是推动理论研究工作。总结经验，着眼理论指导实践，开展课题研究，重奖优秀成果，以《万邦报》《万邦咨询》宣传展示万邦。

（2）用互联网思维破解效率难题。在信息化建设方面，公司不仅加大经济投入，而且充分利用外部资源，加强与大专院校协作，着手大数据库建设和软件开

发，与品茗软件合作成立 BIM 合作公司。PPP+BIM+ 大数据平台的科技型咨询新模式已给公司带来效益。

（3）加强与同行的协作与交流。在互联网时代，闭门造车并非良策，在信息化建设中，公司积极投身行业工程造价信息化建设，与同行共享发展经验，交流信息，取长补短，真正实现万家帮万邦，万邦帮万家。

五、与时俱进，努力超越

2015 年以来，是公司发展最快、最好的时期。面对激烈竞争的市场环境，公司努力适应市场需求、适应社会需求、适应政府需求，坚持业务创新和方法创新，推进管理体制变革，发展基础得到了进一步夯实，竞争能力不断提高。

（1）业务收入创"新高度"。公司成立以来，始终保持 20% 左右的增长，2015 年完成业务收入 1.9 亿元，比上年 18.8%；2016 年完成业务收入 2.5 亿元，创历史新高。2017 年业务收入又实现了"双增加"，发展趋势喜人。

（2）PPP 项目实现"新突破"。PPP 项目咨询专业集成要求高、涉及面广、市场规模大，面对崭新的业务，公司有能力、有实力实现突破，并成为公司探索全过程工程咨询，实现转型升级的有利契机。公司承担完成杭州龙坞茶镇等 16个 PPP 项目，项目概算投资累计约 400 亿元。

（3）咨询方法实现"新跨越"。面对新形势，公司全面适应客户需求，全力推广全过程咨询，以方法创新直击传统投资控制痛点，在控制投资、规范建设行为、促进管理等方面发挥了主动作用，受到客户的欢迎。近两年来，公司承担了众多省内外重大工程，包括杭州 G20 峰会相关项目，项目投资大、工艺复杂，社会关注度高。

（4）业务质量实现"新提升"。长期来，公司质量控制实行"四级"把关。但是，随着建筑市场的转型升级和咨询业的发展，依靠传统手段已经很难适应实际需要，公司加大研发投入，利用大数据技术把控业务质量。在咨询服务中，实现注册会计师和注册造价师密切配合，提升服务深度，满足项目需求，有效控制了咨询质量，打造了一批精品工程。在浙江音乐学院、龙坞茶镇、钱江世纪城安全生态带（沿江景观带）等项目中，扩大了公司的影响，提高了公司品牌价值。

随着行业改革的不断深化，造价咨询迎来了新一轮的发展机遇，只有立足专业之本，不断提高综合实力，顺应改革浪潮，才能在浩瀚大海中扬帆远航，也只有适应现代互联网、大数据发展，才能在助推建筑业转型发展中抓住机遇，成长自我，为社会和经济发展奉献正能量。

吉林兴业建设工程咨询有限公司

吉林兴业建设工程咨询有限公司创始于1989年，其前身是中国第一汽车集团全资子公司，1999年改制，是行业中首批工程造价咨询单位。2002年独立。2005年获得建设部批准的工程造价资质甲级、工程招标资质乙级资格；2007年通过ISO9000质量管理体系认证；2009～2014年连续荣获全国造价先进单位称号；是中价协2016年度全国工程造价咨询企业信用评价AAA企业，是中价协常务理事单位，是吉林省工程造价管理理事长单位，中国惠众工程造价合作组织17家成员单位之一。拥有丰富的专业工程咨询经验。充分融合本土实践，员工的个性化、多样化和创造力在公司备受推崇。公司业务遍及天津、成都、海口、哈尔滨、佛山等地，服务项目从城市基础设施到房地产开发工程项目、公共建筑项目、政府投资项目、外资企业建筑项目、非标准设备工程、工业建筑项目和日常维护及改造等工程项目，提供更专业、更优质、更高效的造价咨询服务，受到客户的广泛好评，屡次获得各级行业主管部门的表彰。

一、发挥企业作用，服务经济发展

随着中国经济结构不断调整优化，振兴东北、西部大开发、"一带一路"等供给侧改革的推出，新技术、新产业、新模式、新业态层出不穷，给造价咨询企业带来巨大的发展空间及新课题。这就要求企业及时调整战略规划部署、调整业务结构，适应市场发展的需要。

我公司紧紧围绕经济发展这一中心，根据《工程造价行业十三五规划》要求，结合企业内部环境和国家发展形势，制定了立足吉林放眼东北挺进全国的战略目标；树立了以市场为导向、以客户为中心、服务第一、质量第一、信誉第一的运营理念；力争将企业做优做专做精，将企业打造成具有工匠精神的造价咨询企业。

二、满足业主需求，实现业务创新

在大变革时期，随着国家政策的不断推出，业主单位不断有新的需求提出，客户是上帝，满足客户的需求是我们的源动力。常年为工业项目服务是我公司的优势，积累了大量的非标准设备工程项目造价咨询相关业务数据及工作经验，形成了自己的相关业务人才队伍。在实际造价工作中受到客户的欢迎。并对非标准设备工程项目造价咨询工作进行了长期深入的政策及技术方面的研究与探索，多次发表相关方面的文章，并把研究成果在实际工作中进行检验。2015 年作为主编单位，参与中价协《建设项目非标准设备工程计价指南》编制工作，现在已经作为工程造价管理指南丛书中的一本，正式出版。

以开放心态大力宣传行业最新法规。为了更好地服务来自社会方方面面的客户，以提供更专业的服务，及更深入地了解当前国家建筑行业的最新文件及法规，规范客户项目管理，从 2012 年起每一年至少举行一场大型国内知名专家、法律顾问等专题讲座，听课人员随培训内容及对象不同而达到百人至几百人不等，得到了客户、各级相关部门好评，现已成为我公司服务客户的一个亮点，同时对提升企业自身素质起到了积极作用。

三、培养复合人才，建设专业团队

抓业务提高服务质量，重能力培养复合人才。公司每月召开一次专题会议，定期总结项目咨询过程中的难点和经典，并进行项目点评，以达到讨论、交流和共同提高的目的；定期邀请业内专家、高校教授对公司员工进行业务培训和知识更新，新政策、法规、计算规则讲解，满足工作需要。公司每年有针对性地制定复合型人才培养计划，建立人才培养、使用和激励机制，通过专业培训、横向流动为职工向一专多能的复合型方向发展开通渠道，培养复合型人才。

讲规则做好基础建设，倡团结打造精英队伍。公司不断完善内部控制，建立了标准化、复核、问责、数据库、客户、团队六大管理体系，制定业务流程；推行了总经理负责制、副总经理签发制、项目三级复核制，提高咨询服务质量。在公司内部建立"老带新"的培养制度，提升年轻职工的实战和实践能力。建学习型团队作为激活团队的动力之源，鼓励自觉加强业务学习，公司也有计划实施"请进来走出去"学习方式，拓展员工知识领域、增强解决问题的能力。公司在职工中倡导讲政治、有信念，讲规矩、有纪律，讲道德、有品行，讲奉献、有作为的"四讲四有"精神，同时还成立了党支部，营造遵纪守规、积极向上的氛围。

四、夯实企业文化，坚持诚信为本

企业文化是企业的核心竞争力，是员工与团队的凝聚力。我公司充分认识到企业文化的重要性，一直致力于企业文化建设，培育、弘扬"诚信、专业、进取、忠诚"的企业核心价值观；团结、自律、勤奋、奉献的企业精神；严谨、务实、高效、高标准的企业作风；尊重、和谐、关爱、平等的企业人本理念。在实际工作中坚持以质量求生存、以技术求发展、以管理求效益；凭借坚定的信念和锐意进取精神，与时俱进、迎接挑战、超越自我，为客户提供最专业的咨询服务，为企业创造更大价值，为员工搭建广阔的发展平台，承担更加全面的社会责任。

吉林兴业建设工程咨询有限公司始终把创新作为引领发展的第一动力，紧跟国家和企业经济发展的步伐，探索咨询业务的新领域、新思路、新模式、新方法，增强综合实力，提升经营业绩，取得社会效益和经济效益的同步增长，探索咨询服务业创新发展。正值国家"十三五"规划实施与"十九大"召开之时，也是咨询服务行业的不遇之年，我公司在各级主管部门和行业协会的领导下，把握机遇、创新发展，争当工程咨询服务行业的主力。

四川良友建设咨询有限公司

良品立信，友道四方。

四川良友建设咨询有限公司（以下简称"良友咨询"）成立于2000年，经过17余载的蓬勃发展，在立足四川的同时，先后在广东、江西、陕西、山西、宁夏、西藏、甘肃、青海、重庆、贵州、云南、海南等省市成立了分公司，如今，良友服务已遍布祖国的大江南北。

良友愿景：成为备受尊重的建设咨询行业领跑者。

良友使命：以专业服务铸就项目价值最大化。

良友战略：成为建设领域的大数据公司，构建建设领域闭合生态圈，助力智慧城市的建设。

良友客户理念：客户是最稀缺的资源，是良友存在的全部理由。

良友核心价值观：爱心、责任、专业、卓越。

良友咨询主要是向政府及国有投资公司、大型房地产开发商、大型国有企业及军工企业等提供全过程工程咨询类服务的综合性企业，服务范围涵盖工程咨询、PPP 咨询、BIM 咨询、工程设计、项目管理、招标代理、造价咨询、工程监理等全过程工程咨询。

良友咨询长期为四川省、成都市国资委、天府新区、空港新城、成都市城投集团、交投集团、文旅集团、高新投资集团、兴蓉公司、排水公司、投控集团、成都市审计局、成都市评审中心等省、市级政府及投资平台公司提供全过程、全方位的工程咨询服务；并与中海、华侨城、中铁置业、蓝光集团、万达集团等全国大型房地产开发商建立了长期战略合作关系。承揽的大型项目包括：成洛大道（三环至四环路）快速路改造、中国西部国际博览城、成都城市音乐厅、四川大学华西第二医院、金沙遗址博物馆、四川省博物馆、图书馆、火车北站、成都绕城第二高速、鹿溪河生态区建设、五凤古镇、青羊总部经济基地、天府新区系列项目、成都新机场系列项目、贵州仁怀机场、四川宜宾机场、阿坝民用机场、重庆万州五桥机场、西南片区机场系列项目、成都万达广场、蓝光·金悦天骄等重点、标志性建设项目业绩。

良友咨询英才荟萃，拥有一支高效的精英团队及多名全国注册类建设领域人才及管理人才，公司不断推进新技术的实践与运用，建立了信息化管理系统、标准化的工作流程及严密的质控体系，并始终保持持续完善，力求建立积极向上、不断突破自我的高端顾问式服务团队。历年来，公司先后获得"全国咨询单位营业收入百强单位"、"四川省全过程工程咨询试点企业"、"招标代理机构诚信创优5A 等级"、"工程造价咨询企业信用评价 AAA 级单位"、"招标代理机构信用评价AAA 级单位"、"中国 PPP 项目咨询服务机构百强"、"四川省优秀工程造价咨询企业"、"最具影响力工程造价咨询企业"、"抗震救灾先进单位"等荣誉称号。公司多名技术骨干获得"四川省招标代理先进个人"、"四川省优秀造价工程师"、"全国优秀造价员"、"四川省优秀（总）监理工程师"等称号。多项成果也先后获得"造价咨询优秀成果奖"、"优秀工程项目监理部奖"等荣誉称号。

一、以人为本，营造优良企业文化，提供高端顾问式服务

良友咨询以倒金字塔式的组织构架，围绕"客户满意度"及"员工满意度"的管理服务理念，营造优良的企业文化，注重人才培养，建立了内部职称评定人才分类分级体系，"1+1+1"的培训体系，360度评价体系，综合考核体制及公平晋升制度体系，优化结构，提高人才综合素质。以"爱心、责任、专业、卓越"的良友核心价值观作为每一位良友人的行为准则，秉承"客户是最稀缺的资源，是良友存在的全部理由"的客户理念，提供具有综合实力的高端顾问式服务。

二、精细化管理，以专业服务铸就项目价值最大化

良友咨询通过 5 年精细化管理的探索及实践，从 28 个课题进行创新，我们以作业标准为纲领，以工作流程及流程说明为标准，配套严密的质控体系及考评机制，形成了一套具有良友特色、精准细严、行之有效的管理体系。

（1）精细的作业标准。每个业务板块均建立 1 套作业标准，指导并规范员工工作行为，结合工作流程全面并详尽到工作任务的方方面面。

（2）标准的工作流程。147 个流程贯穿于公司的经营、管理、业务工作中，每个流程均定制了流程说明，规定了每个节点关键行为、工作时限、重要支撑附件等，以保证流程更具操作性。

（3）严密的质控体系及考评机制。公司以严格的质量控制标准为根本，建立分级方式的内部三级复核制度，落实到人，狠抓执行力及监控力，保证每份成果文件的高要求、高质量的输出，通过管理考评、内部质量考评、外部质量考评等多方面考核，有效运用于管理层及员工绩效、评优、次年内部职称评级等晋升考评指标中。

（4）信息化管理。公司建立了成熟的信息化管理平台（"CCM 系统"），集行

政办公、合同管理、财务管理、项目管理、四库（知识库、数据库、指标库、材料库）建设等全覆盖的信息管理总控平台。保证工作流程、标准、质控、数据库等以信息化手段、互联网模式进行存储、传递、收集、整理及分析，以更快速有效的方式向客户提供高端、差异化的服务。

（5）客户评价移动端。为践行及落实"客户是最稀缺的资源，是良友存在的全部理由"的客户理念，除传统的现场拜访、项目回访、书面评价外，结合CCM系统，我们还创新了多种客户评价方式。即将客户评价运用至"良友公众号、微信评价端、CCM系统手机端"等移动终端。每一份客户的评价信息将第一时间反馈至公司高层，我们将本着快速知晓、快速调查、快速反馈、快速处理的服务原则，及时响应客户需求。

公司将始终保持并持续完善精细化管理体系，通过高端顾问式服务团队，提升企业核心竞争力，为客户提供增值服务，以专业服务铸就项目价值最大化。

三、一看、二动、三思、四转，新技术探索与实践

本着"一看、二动、三思、四转"的战略行动方针，公司不断加快战略落地的步伐。一看，即走出去学习行业标杆企业的经营管理理念。多次赴北、上、广、深等地学习标杆企业的经验。二动，即行动。在学习考察之后，公司经过研究决定，先后成立了"PPP中心"、"BIM中心"、"信息化中心"等战略执行小组，加快战略落地。三思，即结合公司发展现状，思考良友的未来之路，思考如何利用新技术、新工艺促进企业的"变革、创新、发展"；四转，即开启良友企业转型之路。向"成为建设领域大数据公司"的目标迈进，助力智慧城市的形成与发展。

（1）PPP咨询理论探索与实践：随着"PPP"模式的开展，公司于2016年成立了PPP中心，主要为客户提供"专业、定制、高水平"的PPP全生命周期的咨询服务，服务内容包括"PPP模式、拨改租模式、融资建设模式"等多模式咨询服务。2016年4月，我司协办的"2016政府与社会资本合作（PPP）模式专题论坛"在成都召开，会议聚集了来自各地、各行业八百多名专业人士，共享PPP行业盛宴。先后受邀为成都市龙泉驿区、武侯区、山西临汾经济开发区等政府及其平台公司提供PPP知识及分享。除此之外，公司成功入选中国招标投标协会特许经营专

业委员会委员单位，参与了该委员会主导的"PPP 合同范本"的编制。

（2）BIM 咨询理论探索与实践：为响应国家"全过程工程咨询服务"的政策，公司正打造"BIM+ 全过程工程咨询服务"的咨询模式，同时成立多个以 BIM 牵头的研究小组，即 BIM+ 设计、BIM+ 造价、BIM+ 监理、BIM+ 项目管理等研究小组的方式，快速落地 BIM+ 全过程工程咨询服务，通过精细化管理、项目实践、标准化作业等方式，不断探索及创新。目前公司建立健全 BIM 应用体系，即"1141"体系，1 套标准、1 套数据、4 种模型、1 个平台。为 BIM 技术实践运用提供强有力的规范化、制度化、标准化的管理支撑。在不断奋斗的同时，公司成功入选"中国建筑节能协会 BIM 专业委员会"、"四川省建设项目管理协会 BIM 专业委员会"、"四川省建设科技协会 BIM 分会委员单位"，与同行精英共谋 BIM 发展之道。

四、科技创新，BIM+ 全过程工程咨询服务，助力智慧城市建设

公司历经探索与实践，以 BIM 为引擎，BIM+ 全过程工程咨询为着力点，通过搭建 BIM 云协同平台和智能运维管理平台，将 BIM 贯穿于规划、设计、招采、建造、竣工与运维的全生命期，实现 BIM 建造全过程、全要素、全参与的高效应用。通过设计优化、虚拟建造、协同办公、BIM5D 管理、智能运维等系统化解决方案，实现项目成本、进度及质量可控，创造项目价值最大化。

"站在未来看现在"，在行业变革的浪潮中，良友从未停止过对未来的思考，"一只眼睛盯传统、一只眼睛看未来"，一方面我们要持续地在传统咨询领域用优质服务创造客户最佳体验；另一方面，我们要不断突破自我，在 BIM 技术、大数据、全过程工程咨询服务等新技术、新模式的路上进行探索实践，力争将良友转型成为一家"建设领域的大数据公司"。同时运用云计算、物联网、AI 等先进科技，助力智慧城市建设，进而改变人类生活，向宜居、宜业、绿色、智慧的目标迈进。

中审世纪工程造价咨询（北京）有限公司

中审世纪工程造价咨询（北京）有限公司（简称"中审世纪"）的前身为原中审会计师事务所工程审核部，中审会计师事务所成立于 1999 年，原隶属于国

家审计署，是全国第一家脱钩改制的审计事务所。我公司现有员工 249 人，造价工程师 62 人，本科学历的人数占从业人员的 80%以上。年龄 50 岁以下人员占公司全员 90%以上，是一个年富力强，专业精湛，积极进取的团队。中审世纪具有工程造价咨询甲级资质，目前已在上海、广东、湖南、湖北、山东、黑龙江、杭州、吉林、重庆、四川、天津、海南、云南、河南等地设立 16 家分公司。

中审世纪为适应社会经济不断发展和进步，坚持以执业团队知识化、年轻化、专业化为建设目标，以实现集团化、规模化、专业化为发展方向，努力为社会做出更大贡献。基于体制沿革继承的审计理念、区域全覆盖战略构建的资源整合以及社会各界的鼎力相助，我们在团队建设、经营管理、质量监控、业务拓展等方面具有了得天独厚的优势。在现阶段国家提出进一步深化建筑业"放管服"改革，加快产业升级，促进建筑业持续健康发展的大背景下，公司在做好传统业务的基础上，积极研究新技术，拓展新业务，努力用全新的工程咨询理念适应和服务于建筑业加速变革的新时代。

一、强化企业内部管理，确保业务质量

多年来，我们立足自身实际，坚持以人为本、质量第一、信誉至上的宗旨，恪守勤勉、独立、客观、公正的原则，谋求长远发展；我们与时俱进，确保质量，勇于探索，构建并完善了科学的经营管理体系，在实践中取得了明显的经营管理成效。我们坚持依靠社会进步、先进典型引导教育员工，通过实践锻炼培养员工，组建了一支敬业尽职、知责守任、恪守道德、严守规范的执业团队，形成了融合有力、昂扬向上的企业文化。我们崇尚团队精神，发挥执业团队的积极性和创造性，凝聚集体力量，维护公司形象，以诚实信用赢得客户，以优质高效赢得市场，逐步辐射全国各地，覆盖各行各业，走向境外。

我们在认真贯彻国家法律法规，严格落实行业协会准则、规程和规范的同时，结合自身实际，组建了风险控制和专业技术委员会，实行岗位负责制，健全完善了内部质量控制制度、各类业务操作规范、各类工作底稿的三级复核制度。通过"四级监控、三级审核"组织模式，加大对各类工程咨询服务业务进行指导、监督、监控的力度。我们对工程咨询服务实施全程质量跟踪监控，从项目承揽、编制方案、

人员组合、沟通协调、实施程序到现场实施审核、校核或咨询，直至项目完结都坚持有力地督导、检查和考评。每年自行组织一次执业质量自查自评，并公布检查结果，通过激励手段，不断强化预警风险、防范风险、规避风险的意识。确保公司的健康稳定发展以提供高效高质的服务。

二、狠抓国家重点建设项目，突出优势领域

中审世纪经多年的积累和沉淀，专业知识十分扎实，实践经验非常丰富，执业能力更加全面。以我们的专业知识和技能实力，能够优质高效地完成各行各业客户需要的工程咨询等服务；通过多年数千个项目的工程造价咨询服务的深化和积累，答疑解难的能力不断丰富和提升，从而做到了定性依据充分，定量标准可靠，结论中肯客观。除大量传统项目外我们承担了许多国家重点项目的咨询服务，包括：三峡水利枢纽工程、南水北调中线工程、京沪高速铁路工程、京津城际铁路工程、西气东输工程等一大批世界瞩目、影响重大的国家重点项目。我们特别在机场建设项目和国家电网特高压项目上有着辉煌的业绩和丰富的经验。

咨询的机场项目包括首都新机场、T3航站楼、T2航站楼、乌鲁木齐机场、鄂尔多斯机场等工程，业务内容涵盖了工程造价咨询，项目管理咨询，全过程跟踪审计，结、决算审计等业务，我们在机场业务中积累了丰富的经验，培养了一批专业人才，形成了独具特色的机场建设专业咨询方案。

我们在特高压建设项目中与国家电网公司等多家电力公司合作，在电网建设类项目咨询方面不断突破，截至2017年11月，国家电网公司在建和已投运的全世界最高电压等级的特高压工程为21项，我们参与了19个工程的造价咨询及审核工作，先后被邀请参与制定了《特高压交流工程投资管理标准化手册》、《特高压交流工程技经专业风险预控清单》、《特高压交流工程结算管理规范》、《特高压交流工程结算深度规定》、《特高压交流工程合同技经管理全业务链协同梳理》、《特高压交流工程结算工作典型案例库》、《直流工程结算管理实施细则》、《电源建设工程审计实务指南》等多项技术经济方面的制度和标准，从而使中审世纪从咨询服务技术上以绝对优势走到了特高压电网建设咨询领域的前端。

三、以发展 BIM 技术应用为契机，整合工程咨询产业链

自 2015 年，住房城乡建设部正式印发《关于推进建筑信息模型应用的指导意见》，对于推进 BIM 的应用做出全面部署，全国各地积极响应。运用 BIM 技术能够实现项目设计、建造、运营过程中的沟通、讨论、决策都在可视化的状态下进行，为各系统专业提供清晰、高效的沟通平台，更好地满足工程需求。包含时间维度的四维 BIM 模型可以直观地体现施工的界面、顺序，从而使各专业施工之间的施工协调变得清晰明了，方便从业人员对复杂项目进行优化，实现信息互动和高效管理。BIM 技术在项目中应用的成效有目共睹，BIM 技术的推广应用是大势所趋。

中审世纪以发展 BIM 技术应用为契机，运用 BIM 技术优化了原造价咨询的服务领域，把工作成果转换为可储存、可搜索、可计算分析的数字信息，在提高我们工作效率和质量方面卓有成效，为工程师节省了更多的时间和精力完成评估风险、合同管理、方案优化、价值工程等更具价值的工作。同时不断拓展工程咨询服务范围，构建项目参建各方系统管理平台、运维管理系统等，为投资者提供包含项目规划阶段、实施阶段以及运维阶段的全寿命周期的工程咨询服务，为业主方、设计方、施工方、监理方、供货方等各方提供交互式管理咨询服务，力争将 BIM 技术融入企业的核心竞争力，促进造价咨询行业以及项目管理领域的革命。

四、依托"一带一路"国家战略，开发海外项目

面对"一带一路"带来的历史性机遇和广阔的市场空间，中审世纪贯彻落实党中央、国务院和国资委的部署，顺势而为，借势发力，多管齐下，全面出击，加快"走出去"步伐，积极开发海外业务，力争使海外项目成为中审世纪的新优势、新支撑、新亮点。

近几年来，我们通过不断深化企业改革发展，积极推进转型升级，充分利用国外市场和资源，承接了老挝、柬埔寨、印尼、非洲等地的多个国际项目，项目包括 5 个水电站项目、1 个抽水蓄能电站项目、一个镍矿开采项目、两个钾盐矿

开采和加工项目等。在项目咨询期间，我们以国有企业境内外咨询业务为主体，以工程咨询服务体系为支撑，围绕走出去的指导思想，逐步实现国际化战略，推动公司安全、高效、可持续发展，在开启更大国际舞台的新征程上谱写新的辉煌。

五、继承审计理念，凸显体制沿革优势

中审世纪继承了原公司的审计理念和业务优势，延续了审计工作中严谨细致的工作态度和保障项目合法合规的业务特点。对于如何保障国有投资项目依法合规的管理和实施，我们有一套完备风险控制办法和解决方案，同时对建设项目的管理审计和咨询也有严密高效的实施方案，这都是和多年的审计经验的积累和沉淀分不开的。